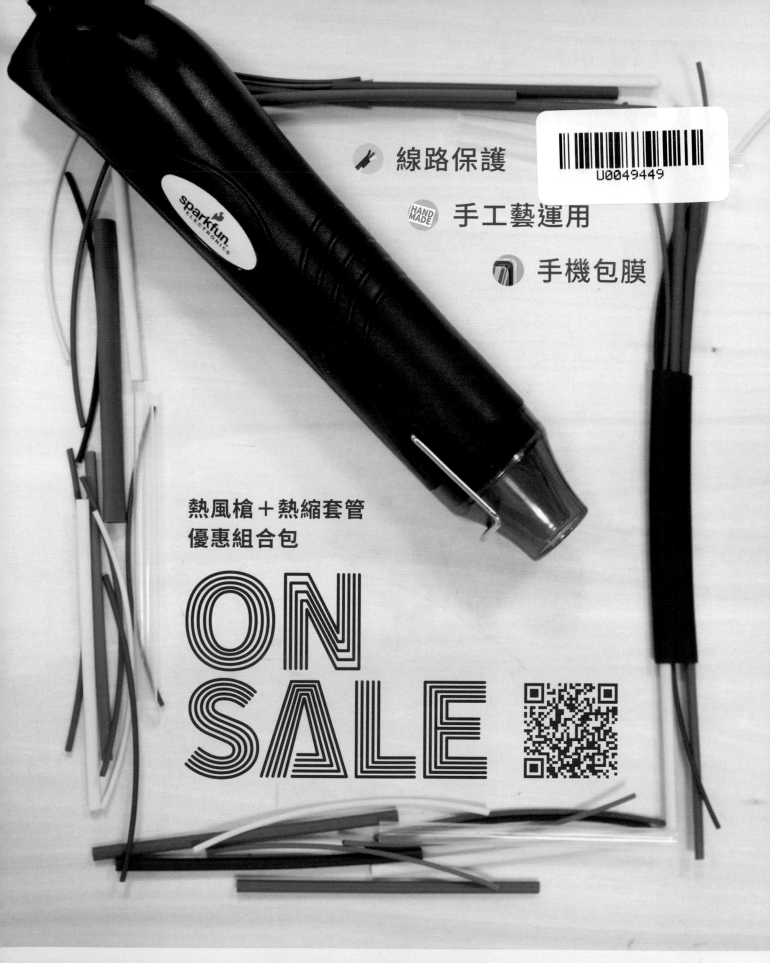

線路保護

手工藝運用

手機包膜

熱風槍＋熱縮套管
優惠組合包

ON SALE

 創客萊吧 Maker Lab

 ▶ www.makerlab.tw

f ▶ 創客萊吧 MakerLab

 iCShopping
DIY 零件 | 套件 | 工具

 ▶ www.iCShop.com

f ▶ iCShop-Maker軍火庫 零件社群

CONTENTS

Lisa Smirnova

08

封面故事：
無人機起飛。知道這張圖片的靈感來源嗎？歡迎來信到
editor@makezine.com，我們會公開回覆你。插圖：
勞爾‧阿里亞斯

Special Section 16

DRONE REVOLUTION

54   77   62

78

70

84

Mandy Bunnell

Christoph Laimer, Hep Svadja

國家圖書館出版品預行編目資料

Make：國際中文版／ MAKER MEDIA 作；Madison 等譯
-- 初版 . -- 臺北市：泰電電業，2017.03　冊；公分
ISBN：978-986-405-038-3　（第 28 冊：平裝）
1. 生活科技
400　　　　　　　　　　　　　　　105002449

EXECUTIVE CHAIRMAN & CEO
Dale Dougherty
dale@makermedia.com

*

VICE PRESIDENT
Sherry Huss
sherry@makermedia.com

*

CFO
Todd Sotkiewicz
todd@makermedia.com

EDITORIAL

EXECUTIVE EDITOR
Mike Senese
mike@makermedia.com

DIRECTOR OF CONTENT & COMMUNITY
Will Chase
willchase@makermedia.com

PRODUCTION MANAGER
Craig Couden

PROJECTS EDITORS
Keith Hammond
khammond@makermedia.com
Donald Bell

SENIOR EDITOR
Caleb Kraft
caleb@makermedia.com

ASSISTANT EDITOR
Sophia Smith

COPY EDITOR
Laurie Barton

EDITORIAL INTERN
Lisa Martin

CONTRIBUTING EDITORS
Stuart Deutsch
William Gurstelle
Nick Normal
Charles Platt
Matt Stultz

DESIGN, PHOTOGRAPHY & VIDEO

ART DIRECTOR
Juliann Brown

DESIGNER
James Burke

PHOTO EDITOR
Hep Svadja

SENIOR VIDEO PRODUCER
Tyler Winegarner

MAKER MEDIA LAB

LAB COORDINATOR
Emily Coker

LAB INTERNS
Anthony Lam
Jenny Ching

MAKEZINE.COM

DESIGN TEAM
Eric Argel
Beate Fritsch

WEB DEVELOPMENT TEAM
David Beauchamp
Rich Haynie
Loren Johnson
Bill Olson
Ben Sanders
Clair Whitmer
Alicia Williams
Wesley Wilson

國際中文版譯者

Madison：2010年開始兼職筆譯生涯，專長領域是自然、科普與行銷。

呂紹柔：國立臺灣師範大學英語所，自由譯者，愛貓，愛游泳，愛臺灣師大棒球隊，愛四處走跳玩耍曬太陽。

花神：從事科技與科普教育翻譯，喜歡咖啡和甜食，現為《MAKE》網站與雜誌譯者。

孟令函：畢業於師大英語系，現就讀於師大翻譯所碩士班。喜歡音樂、電影、閱讀、閒晃，也喜歡跟三隻貓室友說話。

屠建明：目前為全職譯者。身為愛丁堡大學的文學畢業生，深陷小說、戲劇的世界，但也曾主修電機，對任何科技新知都有濃烈的興趣。

張婉秦：蘇格蘭史崔克萊大學國際行銷碩士，輔大影像傳播系學士，一直在媒體與行銷界打滾，喜歡學語言，對新奇的東西毫無抵抗能力。

敦敦：兼職中英日譯者，有口譯經驗，喜歡不同語言間的文字轉換過程。

葉家豪：國立清華大學計量財務金融學系畢。在瞬息萬變的金融業界翻滾的同時，更享受語言、音樂產業的人文薰陶。

潘榮美：國立政治大學英國語文學系畢業，曾任網路雜誌記者、展場口譯、演員等，並涉足劇場、音樂、廣播與文學界。現為英語教師及譯者。

謝明珊：臺灣大學政治系國際關係組碩士。專職翻譯雜誌、電影、電視，並樂在其中，深信人就是要做自己喜歡的事。

Make：國際中文版28
（Make：Volume 51）

編者：MAKER MEDIA
總編輯：顏妤安
主編：井楷涵
編輯：鄭宇晴
特約編輯：周均健、謝瑩霖、劉盈孜
版面構成：陳佩娟
部門經理：李幸秋
行銷主任：江玉麟
行銷企劃：李思萱、鄧語薇、宋怡箴
出版：泰電電業股份有限公司
地址：臺北市中正區博愛路76號8樓
電話：（02）2381-1180
傳真：（02）2314-3621
劃撥帳號：1942-3543 泰電電業股份有限公司
網站：http://www.makezine.com.tw
總經銷：時報文化出版企業股份有限公司
電話：（02）2306-6842
地址：桃園縣龜山鄉萬壽路2段351號
印刷：時報文化出版企業股份有限公司
ISBN：978-986-405-038-3
2017年3月初版　定價260元

版權所有・翻印必究（Printed in Taiwan）
◎本書如有缺頁、破損、裝訂錯誤，請寄回本公司更換

Vol.29
2017/5
預定發行

www.makezine.com.tw更新中！

下列網址提供本書之注釋、勘誤表與訂正等資訊。 makezine.com.tw/magazine-collate.html

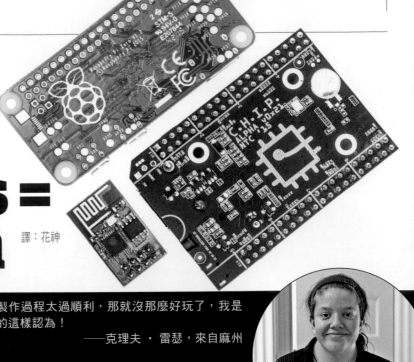

針對〈超級便宜電腦〉特輯
（國際中文版Vol.25）的來函，以及

More Problems = More Fun

更多問題＝更多樂趣

譯：花神

》 我女兒幾個禮拜前完成了她的時鐘專題（見國際中文版 Vol.24 P.14 的〈巨大的七段顯示器時鐘〉）。這讓她非常有成就感，製作專題的過程中也玩得非常開心。

在製作專題的過程當中，我們遭遇了不少困難。有些零件出問題，某位數的訊號會干擾其他位數，而且 Arduino 本身的計時功能就不太好！為了解決這個問題，我們用了 ChronoDot（Arduino 的外接計時產品）。這讓事情變得出乎意料地簡單。

無論如何，我們很感謝你們這篇文章，要是專題製作過程太過順利，那就沒那麼好玩了，我是真的這樣認為！

——克理夫・雷瑟，來自麻州

主編麥可・西尼斯回應：

哇，克理夫，真是太棒了！我好喜歡令千金和專題成果的照片，我認為動手做專題最大的樂趣就是試圖解決問題，最後看著專題成功！我相信令千金也感同身受吧！

回應《MAKE》英文版 Vol.49（國際中文版 Vol.25）

哈囉！受到Vol.49的〈C.H.I.P.，要價僅僅9美元的電腦〉一文啟發（國際中文版Vol.25 P.23），我開始在一些電腦專題當中使用C.H.I.P.，C.H.I.P.價格便宜，功能卻很棒，謝謝你們！

——賈羅德（八年級生），網路留言

我很訝異你們沒有在表格中納入 Arduino Pro Mini（〈開發版比較表〉，國際中文版Vol.25 P.30），Arduino Pro Mini功能強、體積小，在Adafruit買只要10美元，從中國買加上運費才2、3美元！我目前用過幾次中國進口的，都沒有出過什麼問題。

——詹姆斯・布萊恩特，網路留言

我剛收到《MAKE》英文版Vol.49紙本雜誌，覺得實在太棒了，簡直是一記全壘打啊！跟培根有關的那篇文章非常有趣，我還以為《MAKE》只有硬體文章呢！雖然我最近試著吃點素，但我還是必須承認（哀嚎）：我超愛培根的！唉，下次再來一篇做肥皂的文章怎麼樣？

——布魯斯・德・格拉夫，來自麻州

產品經理克雷格・庫登回應：

謝謝你，布魯斯！很高興你喜歡這一期的雜誌，我們在makezine.com/go/soap-projects網頁上蒐集了愈來愈多跟肥皂有關的專題囉！另外，在《MAKE》英文版Vol.18也有培根味肥皂食譜（非素食），集結了兩樣美好的食物，很棒吧！文章可以在makezine.com/projects/hogwash-bacon-soap看到！

回應〈好科學玩具的5大特徵〉（英文版網站刊登）(makezine.com/2016/02/28/5-features-make-great-tech-toy)

很棒的文章！我自己在教育「玩具」公司工作，哥哥是中學數學老師，對於這篇文章的作者凱希・西塞里的想法很有感觸。透過研究，我們發現具有「低地板與高天花板」的教育平臺最為理想，這種環境進入門檻很低，但是可能性很大，如果學生願意的話，可以一直發掘更困難的課題。

——凱特琳・畢格羅，網路留言

當年輕 Maker 長大

我是個「年輕的」Maker（24歲），在人生大半的時光裡，我都十分熱愛你們這些人所做過的事情。我爸一開始幫我訂了幾年雜誌；而在我有了些額外的錢後，我就想要繼續訂閱你們的雜誌。還有，我有一次開車去舊金山灣區參加Maker Faire，從那之後，就一直很期待Maker Faire會再次回到灣區。我一直想寫信謝謝你們，謝謝你們所做的一切，如果不是你們的啟發，我也不會想建立自己的工作室，也就不會擁有一臺超大的CNC了！

——以薩・杜別克，網路留言

主編麥可・西尼斯回應：

以薩，我們真的很高興可以成為你旅程的一部分。下一次Maker Faire的時候，來跟我們打聲招呼吧！還有，歡迎你把專題或工作室的照片寄到editor@makezine.com跟我們分享！

▌勘誤啟事

在《MAKE》英文版 Vol.49 的〈聲風作浪〉一文中（國際中文版 Vol.25 P.11），照片來源誤植為 Eric Futran，其實應為 David Kindler 所攝，在此致歉。

Hep Svadja, Cliff Lasser

Flying into the Future

飛向未來
Maker們正試著讓自律
飛行器飛向新高度

文：麥克‧西尼斯（《MAKE》雜誌主編） 譯：花神

自古以來，人類對於製作飛行器就非常著迷。 古希臘傳說中，代達洛斯（Daedalus）用羽毛和蠟在自己與兒子伊卡洛斯（Icarus）身上裝上翅膀，想要邀翔天際。到了文藝復興時期，李奧納多‧達文西（Leonardo Da Vinci）繪製了精細的翅膀設計圖，至今都還讓工程師深深著迷。1783年，法國的約瑟夫‧米歇爾‧孟戈菲（Joseph-Michel Montgolfier）與雅克‧艾蒂安‧孟戈菲（Jacques-Etienne Montgolfier）兄弟發明了熱氣球，這是歷史上第一次用人造載具將人類載上高空；120年之後，奧維爾‧萊特（Orville Wright）與威爾伯‧萊特（Wilbur Wright）這對兄弟檔打造了第一架飛機，正式開啟了航空時代。

自萊特兄弟之後，動力航空載具的發展非常快速。過幾年，第一架商用短程飛機就開始搭載乘客；1919年，首次跨大西洋飛行成功；十年之後，人類可以飛越南極。到了1939年，噴射引擎問世，人們有了除了螺旋槳外的另一個選擇；1947年，飛機的航行速度可達音速；1969年，第一位太空人踏上月球；2012年，我們發射了一臺汽車大小、結構複雜的機器人降落火星。2016年4月，10層樓高的助推器成功自行降落到海中自動航行的駁船上。這些進展也帶動了許多大型產業，像是運輸、國防、研發等；某種程度上來說，也帶動了娛樂產業。

現在，無人飛行載具（Unmanned Aerial Vehicle）似乎也經歷一樣的過程。軍方使用大型自動駕是飛機進行探測工作已有二十多年，但小型的個人無人機問世，不過是這幾年的事而已（P.16）。小型無人機的玩家社群正絞盡腦汁，試圖尋找這些小型飛行載具的最佳利用模式，雖然發展途徑類似載人飛機，不過目前發展的領域還是略有不同。

目前娛樂──以及DIY用途──蔚為無人機應用的主流，這種遙控飛行器相對於直升機更小、更便宜，也更安全，可應用於空拍或攝影。此外，無人機的速度以及動作靈敏度也非常適合用來競賽，許多第一人稱視角（FPV）的競速影片持續啟發新的飛行員打造自己的專屬無人機。2015年7月，在美國加州沙加緬度舉辦了全國性的競賽，2016年3月在杜拜也舉辦了世界無人機大獎賽（World Drone Prix），這場比賽的勝利者是15歲的路克‧班尼斯特（Luke Bannister），抱回大獎25萬美元。此外，我們Maker Faire中的無人機區域也持續擴張。2016年5月的舊金山灣區Maker Faire上，我們來自空中運動聯盟（Aerial Sports League）的朋友規劃了16,000平方英尺的無人機飛行區。

和早期的航空史一樣，無人航空載具的發展也一飛沖天。開始出現由個人開拓的貨物交付（運輸）與工業檢驗（研究）應用，許多大型公司也對此表現出濃厚的興趣。這些企盼一旦克服了速度、距離、精準度和規範問題之後，很快就能投入實體領域。個人化運輸也是可能性之一，來自深圳的Ehang便在去年的CES消費性電子產品大展中展出可載人的自律四旋翼飛行器。當然，這個概念要為美國聯邦航空局（Federal Activation Administration，簡稱FAA）與大眾接受，大概還要一段時間。

至於競速的部分，駭客與改裝車愛好者將會持續精進機上攝影機的功能。比賽籌備單位也必須吸引更多觀眾以維持豐厚的獎金。當然，要吸引更多觀眾，就必須提高競賽賭注才行。有了更大的無人機、更快的飛行速度，就能在現今市值數十億美元的競賽產業中創造更多的新競賽類型，讓競賽更平易近人而又能保有高度刺激感。這會需要更大的比賽場地、資金充足的贊助商和大批工程師與駕駛（飛行員）。

而這一切的根本，都可回歸到工作室中的愛好者身上。像你我這樣的Maker為了螺旋槳和無刷馬達而無法自拔。我們對於打造飛行機器的著迷沒有止境。Maker前輩打造出了現代的航空載具，而你正在創造它們的未來。

James Burke

MADE ON EARTH

以針繡畫

　　莫斯科藝術家麗莎・斯莫諾娃（Lisa Smirnova）平常的正職工作包括插畫接案、室內繪畫和週末教學。然而，她最喜歡的「繪畫」媒材其實是刺繡。她充滿後印象主義的刺繡風格讓人聯想到梵谷，與其使用一層層厚實的油畫顏料，她採用色彩交織的紗線，賦與作品絕佳的質感。

　　「我喜歡利用服飾、布料和色彩的混合來創作。」她說，「我的創作較富有情感，而不必然涵有深層的意義。我從不試圖探討什麼議題──而是盡力在情感上滿足我個人的需求。」

　　斯莫諾娃會先在紙上描繪出幾個想法，再從中挑選最喜歡的，按照適當的比例製作刺繡的模型。她利用鉛筆將圖案轉印在布料上，在填色前先將輪廓繡好。像畫水彩一樣，斯莫諾娃使用調色盤，並加入從亮到暗的色調。完成一副刺繡作品需要3天到3個月的時間，從高級時尚到枕頭套跟套頭毛衣應有盡有。

——蘇菲雅・史密斯

機械陶瓷

BRENDANTANG.COM

布萊登‧唐近期有近80件作品的雕塑系列「漫畫金繼」（Manga Ormula），展示了一大群與富有曲線與精細圖樣的中國陶瓷共生的未來風格機器人。其並列的靈感來自18世紀歐洲人使用青銅來修復美術作品。這系列迷人之處在於如何巧妙地將兩者融合。當機器人元素擠壓著優雅的陶瓷，陶瓷同時也超脫出機器的束縛。

「當我看見傳統的金繼修復，就被這具有文化挪用和雜交意涵的行為給吸引住。在他們努力創造一件珍品的身上，我也看見了自己從移民到接受西方文化的故事。」唐説，「我同時也想將兩件我愛的事：陶瓷和巨大機器人融合在一起。」

每件作品都使用低溫白瓷、金屬、金屬線、玻璃和塑膠製作而成。唐用傳統的陶瓷工具如陶輪、泥板機和陶泥擠出機製作雛形，再使用金屬泥抹與木製造型工具處理細節。唐會親手繪製陶瓷的藍白底圖，以及為機器人部分噴漆。

一件作品大約需要1到3個月來完成，不過唐會同時進行多樣作品。最大型的作品高達30"、重達40到50磅。

——克雷格‧高登

Suzanne G. Ward

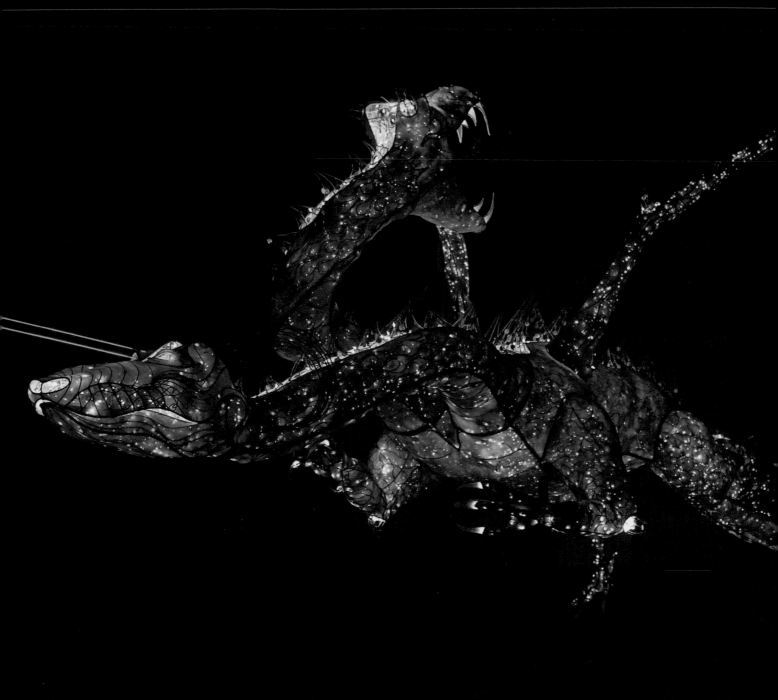

創作烈焰
譯：敦敦
SANDMANCREATIONS.COM

2001年，尚·蘇博薩克（Sean Sobczak）帶著滿滿的靈感離開火人祭（Burning Man）。一直到當時，他都沒有創作過任何東西。「我買了幾百呎的鐵絲和一些工具回家，開始折那些鐵絲。我完全不知道自己在做什麼，但每天都學到了新的知識，也很享受過程。」他的第一個專題是三隻發光的海馬，此後，他的雕塑愈做愈大，直到他建造了一隻25呎長、裝有700片鱗片和12,000顆聖誕燈的龍。開始著手製作重量級作品時，蘇博薩克會先畫出基本的輪廓，並寫出其中的細節清單。他首

先會將支撐電線和燈飾的內部構造熔接好，並確保作品可以拆解，方便運送；接著，則以手指及鉗子修飾鐵絲的細節部分；最後，再加上燈光和布料加以潤色。「加上顏色之後，一切都會變得柔和。作品內部的鐵絲架構會自暈映中顯現，有如肌膚下的黑色線條。」

——麗莎·馬丁

Kevin Rolly

摩登木偶

木偶也許看起來是小孩子的玩具，但你不能低估傳統木偶創作的藝術性和工藝技術。米雷克·特瑞納（Mirek Trejtnar）能證明這一點：他縝密地研究了它們的構造，從博物館或私人收藏借來特殊木偶如骸骨、雜技演員和龍等——有些甚至已有超過一世紀的歷史。為了在複雜性與機動性之間達到平衡，他還特別鑽研了有關木偶綁線和木偶關節設計的方法。

特瑞納曾就讀捷克斯洛伐克社會主義共和國最好的美術高中，被訓練成一名木工藝家。他花了一小段時間在巴洛克教堂裡負責修復傢具，但他很快便投身成為一名動畫師、藝術家，目前則在木偶王國重鎮擔任現代蓋比特（Geppetto，童話故事中打造皮諾丘的木匠）一職。不過，不像皮諾丘的爸爸，特瑞納和他的美國妻子莉亞·嘉芬（Leah Gaffen）在他們的網站上分享了詳細的木偶製作方法。讀者們時常會為了參加熱門的手作工作坊而來到布拉格。這些課堂會以一場由不同國籍的新手操偶師演出、令人愉快的表演結尾。嘉芬表示，「沒有什麼事能比得上親眼見到雕刻大師的作品了——這是最好的學習方式。當木偶所有的零件被組裝在一起，活過來的那個瞬間，就是最神奇的時刻。」

——蜜雪兒·魯貝卡

Mirek Trejtnar

文：鄭宇晴　協助取材：綠點點點點

MAKERS ON YUNHE STREET

雲和街上的自造人
這裡聚集了喜愛動手做的人們，
為廢棄材料注入新生。

鄭宇晴
《MAKE》國際中文版編輯。科學史出身。著迷於科學／科技與人文之間難以分割的關係。

用廢木材打造的織布機十分容易操作，可以織出無限長的布匹。左為創作者 Ken。

在上一期的〈社區共享與自造〉一文中，我們介紹了位於臺北市雲和街、由綠點點點點團隊經營的「古風小白屋」。這棟白色的建築從社區維修站開始，逐漸轉變成一處可以讓附近居民自由使用工具的分享空間。這個空間吸引人們前來的，除了其修繕與提供工具的服務外，很大一部分，則是這裡富有魅力、確實實踐心中理念的同道中人。

散發藝術氣息的工程師

初見到 Ken 時，就對他率性的長髮和氣質印象深刻。雖然外表像是一名不羈的藝術家，但說起話來還是流露出他身為電子業工程師的務實和誠懇態度。談起流連了兩年的小白屋，Ken 的言談間盡是他對這塊空間的認同和喜愛。

「這裡的精神就是回收材料，並利用這些材料再進行創作。」Ken 表示，當修理家電的部分已有固定熱心人士幫忙後，他便轉而關注如何使用各式各樣的材料來做出讓人們感興趣的東西。「我希望藉此減少廢棄物的產生，並提醒大家廢棄物還是可以用的。

另一方面，我也希望能吸引到有類似興趣的人一起來做些不一樣的東西。」

他謙虛地說：「我是工程師，我想到的東西其實很有限，因此我希望可以看到的是後面那一塊。」

用「廢棄」材料做織布機

說到他最近製作的織布機專題，Ken 的語氣熱切了起來，「這就是像我說的，拿小白屋的廢棄物做出作品。」他說，由於小白屋還有另一個「布一樣工作坊」手作課程，以布料做為再利用的材料，當他接觸到這個主題時，便興起製作織布機、讓大家可以自己創作布料的念頭。

「布料可以有多樣的顏色和花紋，如原住民的織布工法就相當厲害，我本身也很想知道他們是如何織出來的。」Ken 說，「我先在網路上做搜尋，發現織布機的原理相當簡單，很容易就現有材料製作，不過最後做出來的織布機跟網路上的外型也都不太一樣。」

Ken 的織布機採用「梭織」的方式，將「經紗」和「緯紗」互

虞大哥用來切割玻璃的工具，一般人都可以自己製作出來。詳細資訊可參考其部落格 generationdeux.blogspot.tw。

切割好的玻璃也可以和木工結合，做出檯燈和餐具等作品。

為直角交織在一起組成布料。只要坐在織布機前，以右手拿纏繞緯紗的木梭穿過已排列好的經紗，每穿過一次，就用左手將固定經紗用的綜框提起／放下，達到交織的效果，接著再用打緯的木刀將經紗和緯紗束緊。重複這些步驟，就可以織出無限長的布匹了。

而Ken說的現有材料，包括製作織布機主體、木梭和打緯刀的「棧板木」、用來在綜框上固定經紗的「文件夾封」以及8顆螺絲，全部都是小白屋裡找到的材料，連製作布料的紗線都是熱心民眾捐出來的「廢棄物」。Ken解釋，「有一位居民的親戚從事與成衣布料有關的職業，工廠裡有非常多剩餘的紗線，雖然是全新的材料，但還是被當做廢棄物處理。」

製作這臺織布機所使用的工具則包括帶鋸機、砂紙和電鑽，於週末零碎時間製作，約花兩個月的時間完成。「整臺都是Ken慢慢用砂紙磨出來的，」一旁的虞大哥忍不住補充，「他除非必要，不然不會輕易使用電動機械。」Ken也說，他想表達不一定要有機器，透過手作就能完成的理念，「我在製作過程中會儘量避免使用人們較難取得的工具，甚至只要有很簡單的工具就可以動手做。」

為玻璃瓶謀新生的浪客

除了各種木工作品外，進到小白屋，很難不被擺放在各處、散發各色光芒的美麗玻璃杯吸引住。這些玻璃杯都是由一支支玻璃瓶切割打磨製造，有大有小、有長有短、甚至還有方形等各種各樣的形狀，大部分都是出自藝術工作者虞大哥之手。而

> 我希望藉此減少廢棄物的產生，並提醒大家廢棄物還是可以用的。

其他的，也是在虞大哥的指導下，由小白屋的參與者切割而成。

虞大哥是小白屋的藝術工作者，有著浪人墨客般的藝術家氣質，他的玻璃切割專題同樣緊扣著小白屋「回收材料」的精神，試圖重新賦予廢玻璃瓶新生命。

「這些玻璃瓶拾荒的人不要，清潔隊也不喜歡，丟出去盡讓人討厭，」虞大哥表示，「玻璃瓶非常漂亮，它的製成就已經是寶貝，但切割完成，更可以拿當做燭臺、筆筒、零錢罐或燈具等各式各樣的創意發揮，除了好用外也很好看，擺在桌上心情就很好。」為了蒐集玻璃瓶，虞大哥還去拜訪住家附近的雪茄館，請店家將欲丟棄的酒瓶留給他，而小白屋附近的居民知道有玻璃切割的主題後，也積極地幫忙蒐集玻璃瓶提供給來參加的朋友使用。

人人都能切割玻璃瓶

現場，虞大哥也為我們示範了切割玻璃的流程。他首先拿出一瓶美麗的透明瓶子（雅墨18年單一純麥蘇格蘭威士忌尚未完全清洗乾淨，還有一點淡淡的酒香），並拿出一盒切割玻璃的工具，開始現場排列及示範切割玻璃瓶。

玻璃切割的過程聽起來相當專業，其材料和工具其實非常簡單，只要做出固定玻璃瓶的棧板木木架，並準備鑽石刀、夾鉗和噴火槍，一般人也可以自己切割玻璃。

切割方式則是將木架以夾鉗固定後，將玻璃瓶固定其上，再用鑽石刀於瓶身劃出筆直的一圈割痕（鑽石刀固定位置不動，只要轉動瓶身即可）。接著，將噴火槍固定在割痕的一點，一開始快速轉動瓶子，讓瓶身平均受熱，之後放慢速度轉動約數分鐘後，玻璃瓶割痕處就慢慢開始產生裂痕，這表示有玻璃瓶的一部分已成功被切割開來，只要再針對還未分離的部分加強，很快便可完全分離。最後，用砂紙打磨切口修整內外倒角後，一個美麗的玻璃容器便完成了。

在切割玻璃瓶的過程中，發生了一則小插曲。由於酒瓶中仍有未洗乾淨的一點點威士忌，在玻璃瓶切開的當下，酒精接觸到火源瞬間產生了突然冒出的火焰。虞大哥說，「因為這瓶酒是最近才拿到的，裡面的酒精尚未完全清洗乾淨，大家在操作時一定要將酒瓶清洗乾淨才可以拿來使用。」

Ken、虞大哥、以及其他將時間貢獻給小白屋的自造人們，顯然都很享受透過動手做來學習新知和累積經驗的過程。這樣的操作不但可以減少廢棄物的產生，創作許多獨一無二的有趣作品，重要的是將減廢理念傳達出去，無疑地，也讓他們的心境更加踏實。●

綠點點點由粉紅豹文化事業有限公司營運，推廣綠生活、都市農耕、工具分享、社區營造。更多資訊請見 www.facebook.com/our.greenmap。

Maker ProFile 文：DC．丹尼森　譯：敦敦

Crowdfunding Coach
群眾募資教練　來自 Kickstarter 約翰．狄瑪托斯的有效建議

Aaron Robbs

約翰．狄瑪托斯（John Dimatos）是群眾募資服務平臺Kickstarter中，設計與科技社群的資深指導者。他會為產品設計和科技分類中的專案發起人——以及Maker們——提供意見、回饋及解答。在2013年任職於Kickstarter前，他是MakerBot Industries的應用程式負責人。約翰為專業Maker們提供了以下的建議。

在你啟動一個Kickstarter專案前……

準備齊全。對於你執行專案的理由以及對它有何期待，必須要非常地清楚。當一個專案啟動之後，發起人通常會專注於如何獲得金錢去購買零件，好將東西完成。但要記得：每分錢都代表著人。你接下來會有10個、100個，還是1,000個贊助者呢？不同的人數需要不同的溝通方式。發人Email對1,000個人說話，和對10個人說話中間會有很大的不同。

預備好達標後的後續計劃

這意義重大。舉例而言，如果製造業會涉入其中的話，就會有第三方的要求，去瞭解誰將會是那第三方，多進行交談並瞭解他們的能力、對你的期待，以及他們是如何對待自己的員工。若不在達標前事先清楚了解這些事情的話，在未來你需要現場做決定時會將自己置於困難的處境。

為什麼Kickstarter「不是一間商店」

當我們說「我們不是一間商店」時，意思是你不只是來這裡做金錢上的交易。你是因為相信一個點子，相信製作它的人及背後支持它的生態系統才投入其中。Kickstarter是一個提醒者，提醒我們購買用時間、金錢、生命製作出來的東西，應該會比在大型量販店購買一臺微波爐更具有意義。人們會贊助專案是為了支持發起人的想法。並不能保證專案一定會成功，但支持尚未存在的事情也是這裡的真理之一。

給專業Maker的有用資料

我們擁有一個很棒的資料團隊，負責觀察數字並幫助我們給予發起人建議。比如說，一個典型的專案會有5到7個贊助等級，我們知道有一些容易為人接受的數字，最典型的入門等級是20～25美元。100美元往往是贊助專案最高的資金層級，若一個活動能達到100美元層級目標的20%，那它將有80%的機會成功

捫心自問：你是想要完成個人專題還是開啟新事業？

若你致力於讓Kickstarter專案成為你的主要事業，你必須好好計劃。若你在家自己組裝1,000個元件，事情一樣會完成，不過如此一來你等於是放棄如何思考將你在做的事情發展成一門事業。

另一方面，也許你不想將專題發展成更大的事業。只是想要和朋友們坐在一起做些事情。我們鼓勵人們去思考想成為哪種Maker，我們兩個都喜歡。這兩者對於一個健全的生態體系都是必須的。

你有想過發起一個Kickstarter專案嗎？

我每天都在想！它一定會和LED有關，我愛死了燈光專題。◐

James Burke

DC．丹尼森 DC DENISON
專業Maker電子報《Maker Pro Newsletter》的編輯，該報報導Maker與商業間的交集。他同時也是《波士頓環球報》的前科技線編輯。

更多專業Maker的新聞和訪談，請上makezine.com/go/maker-pro。

DRONE

REVOLUTION

無人機革命

文：麥可・西尼斯　插圖：鮑勃・南斯　譯：編輯部

無人機領域在近年來有了大幅進展。在幾年前，要擁有一臺四旋翼的唯一方法就是自行製作，全得仰賴網路社群的指導，例如DIY Drones網站，以及開放原始碼的ArduPilot開發環境等資源。

發表於2010年的Parrot AR.Drone，則將預組裝四旋翼一舉帶進主流市場。從那之後，無人機製造商可說是全面開戰。每次的推陳出新都帶來更進階的功能、更強勁的處理程序，讓這些機器變得更容易飛行，並能達成自主飛行。只須按下一個按鈕，就能進行你所想要的任何類型的空中演習。其中最新的機種，DJI Phantom 4甚至擁有自動避障轉向的功能。擁有堅若磐石的穩定性及高畫質鏡頭的無人機，正廣泛地投入各式各樣的應用中。而最佳選擇為何？現在還只是序幕。

WOODEN TRICOPTER – 2007　　BASIC QUADCOPTER – 2007　　PARROT AR.DRONE – 2010　　DJI PHANTOM – 2013

DJI PHANTOM 4 — 2016

3DR IRIS — 2014 DJI INSPIRE 1 — 2014 3DR SOLO — 2015

AERIAL

文：派希・荷達　譯：Madison

Matthew Billington

AID

派蒂・荷達
Patty Hodapp
一名記者，報導健身、冒險及其他資訊。她為多本國際性雜誌撰寫及編輯文章。

空中救援

業餘無人機駕駛能救命、搜尋遺體，也能造成重大後勤和法律問題

大雪紛飛的冬日傍晚，業餘無人機愛好者兼藝術家吉姆・鮑爾（Jim Bowers）接到一通來自加州科爾法克斯的電話。電話另一頭是鮑爾的舊識蒂芬妮・馬修（Tiffany Matthews）。她無助地央求鮑爾用無人機幫忙尋找她失蹤的未婚夫，而且時間所剩不多。

「她的聲音非常驚慌失措。這家人正想盡一切辦法，所以我考慮不到30秒就答應試一試。」鮑爾說。

39歲的艾瑞克・賈西亞（Eric Garcia）是兩個孩子的父親，2013年12月7日週六於艾爾多拉多和普萊瑟郡之間失蹤。他開著褐色99年Plymouth Breeze房車離開藍丘穆列塔，冒著結冰的道路和6吋深的積雪，要回到50英里外的科爾法克斯家中拿錢包。但他再也沒有回到家。

兩個郡的警局組成搜救隊展開了搜救任務（SAR，search and rescue），但怎麼也找不到賈西亞。蒂芬妮只好找上鮑爾。「我不知道她怎麼想到要用無人機搜救的，但她知道當時整個柯爾法克斯只有我在玩無人機，」鮑爾說，「蒂芬尼打給我時我還很困惑，因為我是個藝術家，我用無人機拍攝紀錄片。她找上我幫忙令我相當訝異。」

鮑爾用他的DJI Phantom 2 Vision+花了一週時間人工搜索了長40英里、寬4至5英里的區域，鎖定懸崖、堤防和其他志願者步行無法到達的地方。賈西亞一家則將星巴克咖啡杯放在道路兩側以在需要鮑爾用無人機搜索的地方做上記號。

鮑爾將範圍縮小至威瑪和科爾法克斯之間長3英里的一段路。警方搜救隊在此重啟搜索一天後，發現賈西亞的車子翻覆在80號州際公路旁的陡坡下。他撞上一棵路樹並死於撞擊之下。

「這樣的結果⋯⋯實在太令我震驚了。」鮑爾說，「所有人都非常、非常感謝我的無人機搜救工作，因為這給了賈西亞一家希望和最後的真相。」但對鮑爾來說，賈西亞只是個開端。「這次事件後，我成立了多旋翼無人機空中救援社群SWARM（Search With Aerial RC Multi Rotor）。志願無人機駕駛只要上去註冊，我就可以派遣他們去搜尋，幫助失蹤者的家庭。」

法律和後勤

SWARM目前在全球有超過3,000個無人機駕駛註冊，美國每一州都至少有一位。它的Facebook社群有超過5,100個成員。

不過，雖然SWARM協尋失蹤者的立意良善，但在官方災害現場指揮系統（ICS，Incident Command System）——也就是警察、消防隊等公部門——宣布終止搜救前，這些志願無人機駕駛鮮少能合法進行搜救。

無人機在搜救領域已經佔有一席之地。他們能夠蒐集高品質的資料，扮演後勤的角色。近期的幾次案例中，甚至直接拯救

如何成為無人機搜救志工

FAA規定，善意的民間無人機駕駛不能用自己的無人機協助官方搜救。不過，FAA有機會在下一次修法改變這個現況，而且現在公家和政府機關都在使用無人機，民間無人機駕駛也蓄勢待發，準備用自己的無人機協助搜救。

如果你想參與，記得必須等到官方調查結束。但就算官方調查結束，也別一頭熱地把無人機飛到現場。搜救工作非常複雜，法律保留了詮釋的空間，這讓你可能把事情搞砸。《MAKE》針對一般性的搜救原則訪問了許多民間和官方的無人機駕駛，出發前請先瞭解情況。

出發前：
民間無人機駕駛應有的搜救資源和準備

首先，充分吸收資訊。加入論壇，像是SWARM的Facebook，看看關於設備、流程和搜尋技術的討論串。此外，研究一下CRASAR等組織發表的資料蒐集最佳作業辦法。參加國家意外管理系統（National Incident Management System）的訓練，這個單位很可能是搜救活動的指揮部。瞭解體制如何運作，你才能知道哪些地方在官方搜救結束前已經被找過了，節省你的時間。

〔接續P.21〕

Raul Arias

了人們的性命。2013年5月，加拿大薩斯喀徹溫的皇家騎警用Draganflyer X4-ES無人機搭配熱感測技術拯救了一位翻車的男性。2015年7月，緬因州兩個男孩受困在梅卡尼克瀑布附近小安德羅斯科金河中的石頭上，搜救人員用無人機成功空投了一件救生衣給他們。

但無人機搜救絕非飛進森林裡找找這麼簡單。蒐集和處理資料是相當複雜的工作，很容易漏掉重要細節。一般而言，駕駛用DroidPlanner之類的程式畫出數英里寬的網格。無人機要裝上攝影機或FLIR之類的熱顯像儀以及第一人稱視角飛行工具（FPV）。FPV可以錄下影像，稍後以兩倍速觀看。搜救無人機的飛行高度為60～100英尺（再高人就會變得太小，不容易看到），以4K解析度拍攝。飛行時間為10～25分鐘，駕駛才有足夠的時間以Z字形或螺旋狀搜索。SWARM允許群眾外包，駕駛可上傳影片至Facebook論壇，讓多人同時幫忙掃描。

這樣的模式產生許多問題：上傳搜索影片可能會暴露個人敏感資訊甚至影像。沒有人知道搜救過程中政府和民間的無人機駕駛該怎麼整合。此外，SWARM和政府官員等利害關係人之間的溝通沒有法令依據，缺乏共通的語言，至少目前還沒有。

有些人認為搜救任務應交給專業。德州農工大學機人輔助搜救中心（CRASAR，

無人機在搜救領域已經佔有一席之地。

①

Center for Robot-Assisted Search and Rescure）主任暨電腦工程科學教授羅賓‧墨菲（Robin Murphy）說，「民間無人機駕駛目前並不適合協助搜救。以德州為例，人民可以持有槍枝，可以擁有許可，但不能協助警方攻堅，因為未經授權。業餘無人機駕駛也是一樣的道理。」

墨菲主持的「無國界機器人」（Roboticists Without Borders）計劃提供免費的無人機災難搜救協助。「加拿大用Draganflyer找到失蹤者的案例其實非常罕見。我從1999年就開始參與和研究搜救活動，無人機在搜救活動中的角色很少是直接救人，因為無人機無法代替人和狗。」無人機大部分用於觀看志願者到不了的地方，排除非目標區域——如同鮑爾在賈西亞搜救任務中所做的。

標準的樹立

民間無人機駕駛要能和官方合作、合法執行任務，就必須要有全國性的作業標準。無人機產業在過去十年間蓬勃發展，在搜救行動中的應用也愈來愈常見。美國聯邦航空管理局（FAA，Federal Aviation Administration）將儘速規範無人機在產業中的角色。在那之前，業餘駕駛和官方駕駛之間難以溝通，關係發展有限。「我不是要激怒大家，我相信民間無人機駕駛有其可扮演的角色，只是我還

準備所需裝備：
如何為你的無人機增添搜救配備

不管是定翼機或四旋翼，你可能需要幫你的無人機裝上第一人稱視角或可以稍後觀看的攝影裝備。兩種各有所長，不過不管選擇哪種，你都必須採取系統性的做法，使用 Visionair 之類的網格飛行軟體或其他飛行控制系統，並用能拍攝高畫質影片的攝影機。定時幫照片定位。研究地形，詳細地記錄下任何異常。紅外線攝影機也派得上用場。Pix4D 或 AgiSoft PhotoScan 等軟體可以定時拍照，並記下經緯度、高度、航向、夾角等資料，產生整個飛行區域的拼接影像。除了裝備以外，還要為天候、地形，以及待在偏遠地區好幾個小時做準備。業餘駕駛，SWARM 網站設計者墨爾・布拉雷（Merle Braley）有一個背包，裡面裝著必備的傢伙：12 顆充飽的傳輸器用電池、記錄電池電量和壽命的筆記本、FPV 目鏡、用來攤開擺放所有裝備的 4'×6' 綠色陸軍毯、駕駛時穿的螢光橘背心、下雨或地面潮濕時保護裝備的防水布、防水登山靴和營養棒。他也帶著雙筒望遠鏡和一位觀察員——幫忙觀察無人機狀況和保持聯繫，讓駕駛可以專心。

不確定這個角色是什麼。我們必須摸索出這個角色的樣貌，讓對的人準備好、發揮功用。」

FAA 去年底訂定出小型無人飛行載具系統的規範。這份規範解決兩個安全問題：明確區分無人飛行載具（UAS）和有人飛行載具，並減少對地面人與財產造成的風險。規範釐清了如何獲得飛行許可（COA，Certificate of Authorization）豁免，並明確定義何謂小型無人飛行載具、誰能在什麼情況下操作小型無人飛行載具。

此時公部門搜救已經進入了下一個階段：政府機構開始將無人機列為救援工具。有些甚至已經開始主動使用無人機協助搜救。2014年8月，德州奧斯汀市議會批准了一項四年期無人機研究，讓奧斯汀消防隊建立將無人機用於消防和救災的最佳作業程序。許多其他的飛行作業有 COA 或是可向 FAA 申請，但是流程可長達90天——這對緊急搜救來說絕對太長了。為了變通，FAA 去年三月頒布333條款豁免新政策，依據此條款可核發和公部門搜救團體一樣的 COA 給商業飛行作業（申請流程要花120天，但是通過後 FAA 可快速核發 COA）。

「我知道的、聽過的和合作過的搜救組織，幾乎全都在使用無人機進行搜救，或是積極依循333豁免取得飛行許可。」美國國家標準技術研究所（National Institute of Standards and Technology）前首席無人機駕駛員吉恩・羅賓森（Gene Robinson）說。羅賓森於2001年創辦了

RP Flight Systems，專門開發救援用和執法機關用無人機。

「很顯然我們必須和不想受到限制的社會大眾溝通，大家以為搜救很簡單，但我可以保證，真的並非如此。」德州農工大學孤星無人飛行載具中心（Lone Star UAS Center）首席工程師和執行總監傑瑞・亨利克（Jerry Hendrix）說。位於聖體市的孤星無人飛行載具中心，是 FAA 為了將無人飛行載具整合進國家航太系統，在2013年2月發展出的測試地點。「人們必須瞭解，遵守規則是為了保護所有人。安全是第一要務，人們必須學習在體制內做事，才能真正讓無人飛行載具在搜救工作中發揮作用。」

華盛頓史諾霍米須郡警局首席飛官比爾・奎斯多夫（Bill Quistorf）有45年與州政府、軍方、聯邦政府飛航單位以及墨菲的 CRASRA 計劃合作的經驗，同時也在阿拉斯加執行高海拔搜救作業。奎斯多夫說，溝通是業界最大的問題。「我是專業的無人機駕駛，也是個務實的人。人們總是說無人機有多好多好，我總是回答，是啊我知道，但看看無人機的限制吧，別總是只看到無人機做得到的事。」奎斯多夫說。「無人機可以協助搜救直升機，但不可能取而代之。要協助搜救直升機必須有計劃，而且要注意安全。」

奎斯多夫大部分的搜救任務在山區，距離任何道路都有數十英里遠，這樣的環境讓無人機的後勤工作更困難。「業餘無人機根本無法在距離道路30英里外受控制地飛行。」他說。

1.SWARM 創辦人吉姆・鮑爾（Jim Bowers）拿著四旋翼無人機控制器和 FPV 目鏡準備出任務。

搜救的六要三不

◆ **要：聰明規劃、預期突發狀況。** 民間無人機駕駛往往是搜救的最後一線希望，通常都相當緊急。保持裝備整齊有序，收到通知立刻可以出發。在未考慮天候狀況和如何設定網格前不要貿然出發——為了無人機好也為了你好。

◆ **要：體力和心情都做好準備。** 別讓搜救人員花力氣救你。

◆ **要：練習。** SWARM有地方小團體會在艱困的環境進行練習，把假人藏起來模擬搜救。

◆ **要：瞭解規定。** 瞭解自己的極限，哪裡和何時可以飛，不要挑戰自己的極限。如果你的搜救不收費，只要遵守FAA對模型飛行載具的規定。飛行高度不超過400英尺（無論如何應在60～100英尺之間執行任務），不要讓無人機離開視線，遠離機場5英里以上。

◆ **要：如果你需要進入或飛過私人土地，先與地主確認。**

◆ **要：安全第一。** 包括你自己、失蹤者家屬和搜尋區域內所有人的安全。

◆ **不要：在遲疑中出發。** 並不是把無人機飛出去就會成功。先找當地消防隊和警局做好該做的功課。

◆ **不要：低估你的資料的重要性。** 每位駕駛對於什麼樣的資料最好可能有不同意見，但往往是在處理資料的過程中有所發現。不管你蒐集到什麼，務必以清楚、容易理解的方式整理資料。如果有數百筆照片或影片，請依照土地區塊分類——在電腦裡建立不同的資料匣和子資料匣歸檔，一個容易辨識的土地區塊放一個資料匣。在影像上做標示，使其能快速地看出經緯度，這樣可以更有效率地把搜救人員帶往精確的目標所在位置。當你回顧影像時，你的地形日誌能提供精確的文字資料。

◆ **不要：在官方搜救時逞英雄。** 你必須等到政府的搜救活動結束，沒得商量。除非你和當地官方有特殊關係，有333豁免和COA，有飛行經驗，知道意外指揮系統（IIC）的運作方式，否則請等待。貿然上路可能引來牢獄之災。一旦官方搜救活動結束，你就可以合法搜救了。

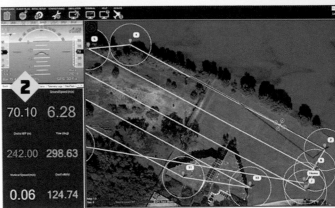

持續增加的需求

儘管墨菲和其他職業搜救人士有所顧慮，民間搜救駕駛的社群仍然快速成長。SWARM的Facebook每週都增加50到100個新成員。隨著成員成長、名聲愈來愈響亮，上門求助協尋失蹤者的家庭也愈來愈多。「一開始我們一個月才接到一通電話，現在一週起碼接獲兩件需求。」鮑爾說。

鮑爾不知道，他出發尋找賈西亞的那一刻，也開啟了全球性的無人機搜救運動。而SWARM的運作雖然合法，它的存在其實是FAA和所有公家搜救機關一個待解的問題——無人機該在搜救活動中扮演什麼角色？民間業餘無人機駕駛到底能不能協助搜救、如何協助搜救？

儘管FAA的規範相當模糊，對無人機持保留態度，但SWARM還是踏出了下一步——建立自己的最佳作業程序，以維護組織的名聲並推廣技術。鮑爾為SWARM撰寫標準作業程序，一套遵守FAA法令的倫理守則，能在派遣前針對駕駛的技術、設備、人格、專業和承諾進行評估。

「現在阿貓阿狗都可以買到無人機，任何一個笨蛋都可以把無人機開進機場或是森林火場，然後搞砸一切。」鮑爾說。為了減少這類錯誤，SWARM鼓勵無人機駕駛和地方的消防隊和警局建立關係。為確保駕駛技術不致年久生疏，地方自組小團體定期用假人道具穿著迷彩服進行搜救練習。鮑爾經常出席展覽，以接收無人機相關的最新技術資訊。

除了搜救外，鮑爾也用他的18架無人機拍攝影片和紀錄片。他在加州的家有個小小的安全屋。鮑爾在那裡製作和發布無人機入門影片到他的Youtube頻道「Demunseed」上（他的頻道有24,068個訂閱和240萬點閱人次）。他剛好也是最後一個合法在優勝美地拍攝紀錄片的無人機駕駛。他用DJI Phantom拍攝〈無人機視角〉（A Drones-Eye View）紀錄片後，2014年FAA就禁止無人機在國家公園飛行了。他在自己的工作室打造了30個無人飛行載具系統，有自用的、有受人之託的。他現在熱中於尋找更好的攝影機以及最新的固定配件。

「要不是有攝影機，我不會對無人機這麼著迷。」鮑爾說。他在無人機問世之前玩了20年的遙控飛機。「後來無人機出現了，我從零開始打造自己的無人機。當我發現可以在無人機上裝攝影機、從上往下俯瞰世界，從此一頭栽了進去。」

鮑爾也打造壁畫和雕刻等大型公共藝術。他幫慶典活動製作主視覺藝術品，包括火人節和Coachella音樂節。2012年他為火人節做了一個直徑1.25英里的時鐘，是金氏世界紀錄認證全世界最大且真的能運轉的時鐘。

受到賈西亞搜救經驗的影響，鮑爾用他幫年度慶典活動製作大型公共藝術賺的錢在柯爾法克斯西向斜坡到80號州際公路間種下55,000株水仙花。多年生的水仙花每到春天就會綻放，紀念賈西亞。「事件至今快滿三周年，每年此時都是家人們最感傷的時候。」鮑爾說。「但是花很美，這是我回報的方式。就像在高速公路旁鋪上一大片黃色地毯一樣。」

> 「一開始我們一個月才接到一通電話，現在一週起碼接獲兩件需求。」

1. 墨菲博士和學生們進行飛行練習。

2. 搜索一個區域時，DroidPlanner和其他軟體可幫駕駛找出自動飛行路線，駕駛不用一直手動控制無人機。

3. 一架DJI Inspire 1四旋翼無人機掃經一條偏遠道路。

4. 鮑爾和SWARM團隊啟動搜救無人機。

到sardrones.org深入瞭解SWARM

LITTLE DIPPER DRONE

小北斗無人機

文：泰瑞・基爾比、布琳達・基爾比　譯：謝明珊

打造300級距自動四軸飛行器
來進一步認識空中機器人
以及鍛鍊焊接技巧

基爾比夫婦
Terry and
Belinda Kilby
無人機愛好者、航空
攝影師、Maker、
培訓師，夫妻倆一
起工作。他們的公司
Elevated Element從
2010年開始針對藝術
性和功能性航空攝影
設計並製作小型無人
飛行載具（UAV）。

材料

» 小北斗飛機機身 CNC 檔案可
於 makezine.com/go/little-
dipper-build 下載，大部分現成
的機身也適用
» 分電板（PDB 板）
» 電子調速器（ESC）（4）
» 無刷馬達（4）
» 金插（非必要），2mm，公母成
對（12）
» 熱縮套管，1/8"

工具

» 烙鐵和焊錫
» 輔具或夾持系統
» 熱風槍或吹風機
» 剪線鉗／剝線鉗
» 尖嘴鉗
» 小束線帶
» 雙面泡棉膠帶
» 美工刀和剪刀
» 麥克筆或油性筆

我們的新書《Make：無人機入門指南》（暫譯）（Make: Getting Started with Drones），引導讀者從無到有組裝第一人稱視角（FPV）無人機。這篇摘錄文章則是以小北斗300級距自動飛行裝置的機身和零件為基礎。

小巧實用的小北斗機身分成兩個副框架，以免馬達振動干擾飛行和影像感測器。這兩個副框架分別稱為下框架和上框架：下框架位於底部，托住所有可動零件，例如馬達和螺旋槳；上框架位於頂部，托住所有飛行通訊電子裝置，摺疊臂則會在墜機時減緩衝擊。

1.製作小北斗機身

這個機身檔案是開源的：你可以從 makezine.com/go/little-dipper-build

下載雷射或CNC切割設計檔，另有詳細的教學影片，下列步驟也適用於最常見的FPV競速無人機。

2.安裝分電板

有了分電板，光憑一顆電池就得以驅動機上所有電子零件，舉凡調速器、馬達、攝影機。分電板是我們用G-10銅箔製成（圖 Ⓐ），但市面上還有不少平價的選擇。

首先，在分電板背面貼幾條雙面泡棉膠帶。

接下來把分電板嵌入下框架正中央，方便連接電源線、電子調速器和任何動力配件（圖 Ⓑ）。正中央有個3mm小洞，可拴入螺絲多一分保障，但我們實驗發現，雙面膠帶已經夠牢固了，所以決定不拴螺絲。若你堅持要栓螺絲，不妨試試看小號尼龍螺絲和螺帽，重量較輕，也不會導電。

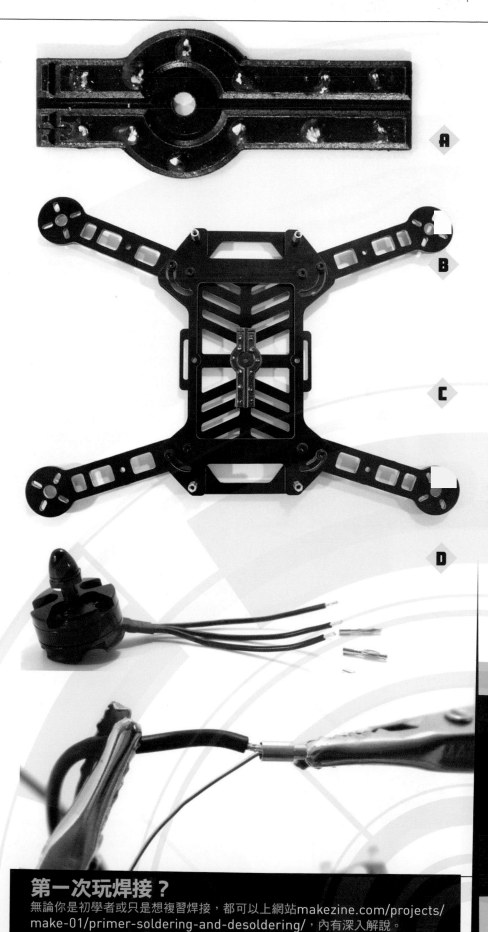

Ⓐ
Ⓑ
Ⓒ
Ⓓ

第一次玩焊接？

無論你是初學者或只是想複習焊接，都可以上網站makezine.com/projects/make-01/primer-soldering-and-desoldering/，內有深入解說。

Terry and Belinda Kilby

3.焊接金插

這個步驟可有可無，卻會讓安裝工作輕鬆許多。有了金插，就不用直接焊接調速器和馬達，還可以將兩者任意組合或分離。優點是便於維護、排除問題和升級。缺點是接觸不良容易故障。一旦金插出問題，就可能墜機（只要四顆馬達有一個停止運轉，無人機就會筆直掉落）。鑑於上述優缺點，大家對金插評價兩極也就不足為奇。你可以決定要不要用金插，但這項專題假設已經安裝了金插。如果你決定不要，那就直接焊接接合處，再套上熱縮套管，反正起飛前務必搞定。

金插正如其他接頭是成對的，有公有母。公接頭安裝在馬達，母接頭安裝在調速器，這就是最佳的安排，調速器是供電的一端，母接頭務必做好防護，以免零件沒插好。

先拿著一顆馬達，剝除引線約1/8"絕緣層，接著以烙鐵頭沾取少許焊錫，在接線的頂端鍍錫，覆蓋引線的外圍（圖 C ）。

接下來焊接公接頭和馬達引線，這時候要懂著善用輔具。鱷魚夾固定公接頭和鍍錫的馬達引線，先把焊錫放入有電線的接頭裡面，接著用烙鐵在接頭外圍加熱幾秒鐘（圖 D ）。

焊錫冷卻後，將引線和接頭從輔具取下，其餘的馬達引線和接頭也是同樣的焊接手法。

循著相同的方法，焊接其餘三顆馬達，完成後的四顆馬達會有12個公接頭連接馬達引線（每條線搭配一個接頭）。

焊接的接合處該來進行絕緣處理了。剪下1/2"的1/8"熱縮套管，輕輕包裹接合處，但不要緊緊掐住（圖 E ），小心裁剪任何阻塞物。

熱縮套管套好之後，用熱風槍使其收縮，其餘幾條引線也是這麼做，最終成品如圖 F 。

調速器的母接頭也要重頭來過，但端視你使用何種調速器，有些早就焊好金插。若是如此先確認它的母接頭是否適合你的公接頭，如果一拍即合，你就可以省略以下這個步驟。

正如我們處理馬達的手法，先找到調速器的黑色引線（是裸線而非伺服器插頭），剝除1/8"絕緣層以便焊接，步驟就跟焊接馬達引線一樣，只是這次是焊接母接頭（圖 G ）。

所有接頭都焊接完成後，剪1"以上的熱縮套管套住，熱縮套管只會覆蓋接頭的頂端，讓引線穿過另一端連接接頭。

這時候會有四顆馬達附有公接頭，四個調速器附有母接頭。如果這是你第一次做，不妨先插插看公母接頭，確認合不合適再説（圖 N ）。

4.安裝調速器

電子調速器通常有兩種安裝方式：一是安裝在機身，二是在螺旋槳附近的橫桿，下降氣流有助於控制器冷卻。由於橫桿折疊在機框上，調速器會安裝在下框架內部，用寬度大約1/2"的雙面泡棉膠帶固定每個調速器的一側（圖 I ），有些調速器的其中一側會附有圓形的大顆電容，如果你的調速器是如此，務必在另一側黏貼更多膠帶，儘量擴大表面覆蓋面積。

接下來將調速器放入副框架，先拿起其中一個調速器，確保膠膜已經撕掉，隨時可以安裝，在分電板周圍的下框架找到開放空間。自行在腦中分成四象限，放入四個調速器。調速器紅色和黑色的引線必須通往機身的中央，你上一個步驟焊接的黑色馬達引線則必須朝外（圖 J ）。

5.焊接電源

這個步驟要連接位於並聯電路上電子調速器的正負極引線（分別是紅色和黑色）。如

不過時的無人機

不妨在分電板多加幾條電源連接線，以免你未來想添加什麼東西。圖 M 就有這種設計，試試看將JST連接線（上網花幾塊錢就買得到）安裝於電路上，嵌在上框架和下框架之間。當你想添加影像傳輸器等裝置，只要拉出這條線連接電源，就再也不用花時間焊接。

果你不熟悉並聯電路也沒關係，並聯電路只是把所有紅線（正極）連接在一起，所有黑線（接地）連接在一塊。圖 **K**、**L**、**m** 解釋得很清楚：有一串是正極引線，有一串是地線。所有調速器和主電池引線皆要連接上分電板。

先從調速器做起，拿起調速器的紅線，確認長度要多少才足以抵達電源正極電路（以這個專題來說是左邊那條），裁剪出適合的長度（或者長一點，以防萬一），剝除頂端1/8"絕緣層，用烙鐵加熱，準備連接分電板。

接下來，用尖嘴鉗夾住調速器引線，連接分電板的一處，務必確認連接正確的電路，正極引線就要連接正極電路，最後將烙鐵（頂端要乾淨！）置於正極接線上，把它夾在烙鐵和分電板之間。如果焊接的時候夠用力，熔合通常不會有問題，先移除烙鐵，但尖嘴鉗繼續夾住接線幾秒鐘。如果你有注意焊錫，你會發現冷卻得很快，表面會變成霧面，也比較不液態，這時候就可以拿掉尖嘴鉗確認接合處。如果還是有點鬆，繼續重複相同的步驟，直到緊密接合。

當你完成第一個正極接線（圖 **K**），接著重複相同的步驟，將同一個調速器的負極引線連接分電板的負極電路，以這項專題來說是在右邊（圖 **L**）。

其餘調速器也是這樣安裝（圖 **m**），先想想如何安置所有正極引線，再來裁剪正確的長度，千萬不要為了節省空間就剪得太短，最好預留一些長度。

接下來只剩下主電源線要焊接，焊接方法就跟調速器引線一樣。剝除末端的絕緣層，鍍錫後，用尖嘴鉗夾好加熱，有兩件事務必確認：一是連接正確的電路，二是緊密接合。

6.安裝無刷馬達

小北斗等小型無人機所使用的無刷馬達日新月異，所以我們不針對任一款馬達做解說，而是教大家一體適用的馬達安裝方法。

大體而言，正轉的馬達會有反向螺紋轉軸，反轉的馬達最適合標準螺紋。如果你要確認馬達轉動的方向，最好趁安裝前確認。

有一個陷阱：不是所有品牌的馬達都是

如此。大多數採用標準螺紋——運轉起來也沒有問題。無論你採用哪一種，千萬要鎖緊並定期檢查。

安裝馬達的第一步是將馬達平放在橫桿之上，把橫桿底部的安裝孔對準馬達底部的螺絲孔（圖 **n**）。螺紋方向必須配合馬達旋轉方向，馬達引線沿著吊桿而下。確認它不是在別的方向上運轉。

現在動手栓上第一根螺絲，穿過橫桿的馬達安裝孔和馬達底部的螺絲孔。固定好第一根螺絲後接著栓反面的螺絲，直到四個螺絲都拴好。

所有螺絲都拴上後，輪流將它們拴緊（圖 **o**），就像拴緊車輪的螺帽一樣。

現在你已經將第一顆馬達安裝到位，接著完成其餘三顆馬達的安裝。

7.連接無刷馬達

無刷馬達會經由之前焊接到金插的三條黑線連接調速器，如果你第一次使用無刷馬達，可能會發現一件有趣的事情：電線沒有標記。那是因為無論怎麼連接都沒有錯，只是馬達旋轉方向會不一樣。那三條線怎麼結合都可以，反正不會損害馬達，馬達只會朝固定的方向旋轉。

我的目標是讓NE馬達和SW馬達正轉，但由於整項專題尚未完成，先循著相同的方式連接，之後再來進行測試與調整——有金插會更方便。

8.整頓一番

這時候該用束線帶整理電線，順便趁你

扣好機身之前做好標籤，讓你之後進行本書其他專題時會更順手。我們通常會用細麥克筆或油性筆在調速器引線上標示出馬達的編號。

大功告成

現在調速器和馬達都固定好了，確保每個零件都很牢固，也確認你的馬達／分電板的接合處都沒有鬆脫。馬達和調速器的接合處只是暫時的——等到安裝好電子裝置再來調整。

至於完整的專題，包括添加自動駕駛系統和電池，還有一些無人機的知識、祕訣和歷史，請上makershed.com購買《Make：無人機入門指南（暫譯）》一書。

FLIGHT ACADEMY

飛行學院

文：倪瑋杰、譚德勝（Arklab 飛行學院）
攝影：吳柏融、林士桓

自製空氣動力學風洞實驗裝置來測試你的設計

自古以來如鳥兒般飛行就是人類夢寐以求的能力，從各種神話故事與傳說中便能略知一二，根據飛行器不同的飛行原理我們可以初步將它分成定翼機、旋翼機、撲翼機三大類。 雖然有這些分類，但無論是依靠機翼、旋翼或是撲翼產生升力不外乎都與氣流有關，因此怎麼樣升空、更有效的利用升力就變成飛行器設計最重要的事了！

1901年萊特兄弟成功打造世界上第一臺有動力載人飛行器，也是因為有了風洞的測試數據，再綜合前兩架滑翔機的經驗才能順利完成，到了現在就連建築工程，城市空間規劃都能看到風洞實驗的身影，由此可見如何掌控看不到的氣流變化是多麼重要的工程技術。

Arklab團隊時常在國中小舉辦無人機夏令營與冬令營，平時也會到各校進行相關教學。在些教學中除了無人機方面的專業資訊，我們也教導孩子其他有關飛行的知識，例如流體力學是如何

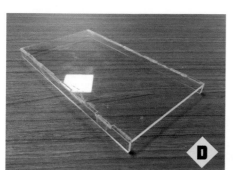

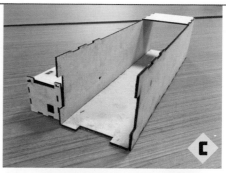

影響飛行的起降，或是在高速狀態時氣流對無人機的影響。

為了能夠方便教學，我們便研發了這套小型風洞機，讓孩子們能夠親眼看到氣流在現實生活中對機身外型設計的影響，而孩子也可以製作小模型（黏土捏製或紙摺）放入風洞機中，觀察自己飛機的流線性，由親身的體驗來學習原本聽起來很艱深的物理，引發他們的好奇心。

測試原理與要求

風洞實驗需要創造相對模型運動的氣流，模擬出飛行器在真實飛行中所受到的空氣作用力，但不是透過直接加速而是創造出空氣的相對流動。為了達到近乎真實飛行狀況的測試數據，測試模型的設計也是非常重要的，要考量到舉凡材料的大小、表面粗糙度、剛性、支撐形式，在設備方面真實的大型風洞也要能夠有效的控制實驗條件如溫度、流速、壓力等條件。

原型設計

在這個專題的原型設計中，我們將風洞模型規劃成三段，分別為氣流觀察段、收縮整流段、氣流動力段。其中氣流觀察段為了讓使用者觀察尚有一個透明的觀察窗，收縮整流段是最重要的部分，需要製作密集的孔洞把氣流整流成穩定的流場才能有最好的實驗效果，氣流動力段則可以

調整進氣量與流速。將實體圖展開後排列成雷切圖檔，透過雷切加工完成材料的準備，此專題的開源圖檔可以到 Arklab 飛行學院官網（www.arklab.tw）取得（圖 **A**）。

加工與組裝

1. 觀察箱體組裝

首先從風洞機的觀察箱跟控制箱開始，組裝步驟相當簡單，將各部件用白膠黏上即可（圖 **B**、**C**），唯一需要注意的地方是建議先將黑色不織布剪裁成適合的大小，黏在觀察箱的木板上，之後一起組裝會方便很多喔！

觀察箱與控制盒組裝好之後，我們再使用雷射切割機切出壓克力觀察窗（圖 **D**）。切完壓克力之後可以用在市面上常見的壓克力膠黏合，這種膠水可以將壓克力緊緊地黏住，相當的方便。接著再將觀察窗組裝到觀察箱上就行了（圖 **E**）。

> **訣竅**：壓克力板可以在板材店購買，上面都會有覆蓋薄紙保護壓克力板，在切割的時候建議不要將描圖紙拿下，這樣可以確保切割的精準度與保護板材。

2. 製作整流段

製作風洞機到這裡，雖然觀察箱主體大致完成，但我們還有很重要的東西還沒完

Arklab飛行學院
ArkLab成立於2014年5月，致力於發展與推廣多旋翼的各種面向運用，力圖將開源無人飛行器的技術門檻大幅降低，並能夠更貼近我們的生活中，以開源的天空為理念，人人皆能共享這片自由的天空。

材料

本體：
- » 密集板（1），600mm×90mm
- » 壓克力板（1），150mm×250mm，鴻成壓克力雕刻社
- » 吸管（8）
- » 黑色不織布
- » 水桶（1）：購自五金行

內裝：
- » Arduino Nano（1）
- » 820 空心杯馬達（附螺旋槳）（1）：取自 Arklab DragonFly 四軸套件
- » LED 燈條（2）
- » 霧化器（1），露天購得
- » NMOS 電晶體（1），大洋電子
- » 可變電阻（1），大洋電子
- » 開關（1），大洋電子
- » 洞洞板（1），大洋電子
- » 10kΩ 電阻（2），大洋電子
- » 二極體（1），大洋電子
- » 單芯線（1），大洋電子

工具

- » 雷射切割機
- » 剪刀
- » 白膠
- » 壓克力膠
- » 壓克力刀

◆ **時間：** 1天

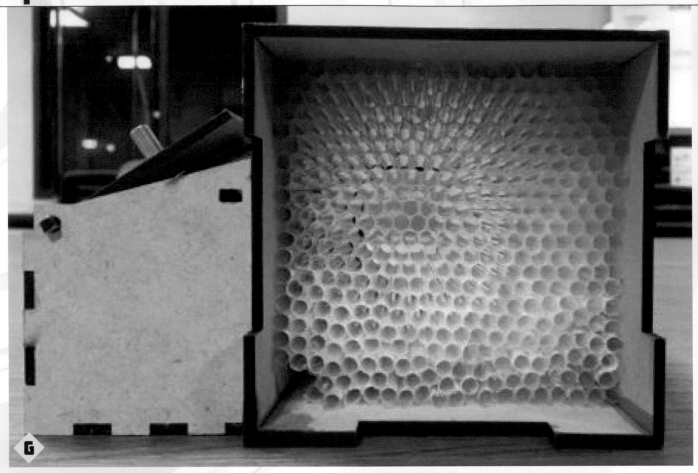

G

H

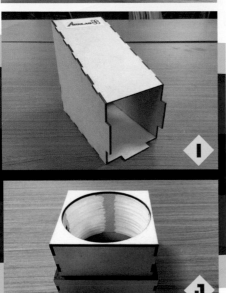

I

J

成——那就放在風洞機整流段中的穩流設備（圖 **F** ），這套由吸管所組成的穩流器可是這臺風動機中的精華。要是沒有這個裝置，就算風洞機的煙霧製作得再漂亮，煙霧也只是到處亂竄，不會有如同真實風洞機一樣的完美煙線。

製作前建議多買幾包吸管。用剪刀剪出長度5公分的吸管，然後使用白膠或是壓克力膠來黏住吸管（圖 **G** ）。

3. 製作氣流收縮段

接下來，我們要組裝的是氣流收縮段的漸縮集氣箱（圖 **H** 、 **I** ）。顧名思義，他是負責將霧化器製造的煙霧蒐集起來，送往吸管穩流器的裝置，組裝方式與先前一樣，只要以白膠黏合即可。

4. 製作氣流動力段

接著要來組裝風洞機的氣流動力段送風裝置（圖 **J** 、 **K** ）。這裡使用的馬達與螺旋槳零件是Arklab飛行學院的DragonFly四軸套件（圖 **L** ），將螺旋

槳稍微修剪成適合的長度即可，支架截短後套上動力段零件底座，上膠後裝進由木板與珍珠板做成的送風函道（圖 **M** ）。

5. 安裝控制電路

為了方便使用者使用，我們設計了一個可以控制氣流大小的旋鈕，透過Arduino讀取可變電阻值，調整輸出的PWM訊號進而控制馬達的轉速。配線圖可參考www.makezine.com.tw/arklab.html。除了馬達轉速部分，也將觀察窗的LED燈條開關裝配在控制箱中，讓使用上更為便利。在將所有元件安裝進箱子前，我們先以麵包板進行控制電路測試（圖 **N** ），測試完畢後將元件焊接上洞洞板，並將洞洞板固定於組裝好的控制盒內，將按鈕在控制盒上預先留好的孔位中安置好後即完成（圖 **O** ）。

6. 運轉測試

最後將水箱連接上箱體，一個完美的風洞測試實驗裝置就完成啦！（圖 **P** ）讓我們趕快來試試吧。

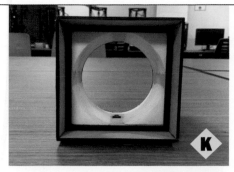

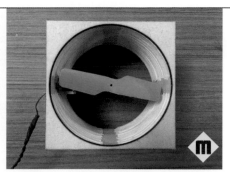

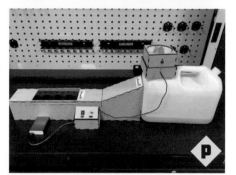

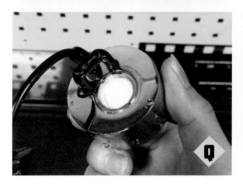

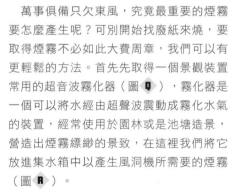
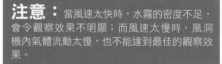

萬事俱備只欠東風,究竟最重要的煙霧要怎麼產生呢?可別開始找廢紙來燒,要取得煙霧不必如此大費周章,我們可以有更輕鬆的方法。首先先取得一個景觀裝置常用的超音波霧化器(圖 Q),霧化器是一個可以將水經由超聲波震動成霧化水氣的裝置,經常使用於園林或是池塘造景,營造出煙霧繚繞的景致,在這裡我們將它放進集水箱中以產生風洞機所需要的煙霧(圖 R)。

在塑膠桶裝入水後開啟霧化器,此時霧化器所產生的水霧不會流向風洞機內,而是使水分子打散成極細的水霧。不過在較為狹小的空間裡,小水珠之間會產生碰撞,形成較大的水珠後掉回水裡,所以桶內的水霧也有一定的飽和程度,而且水霧的密度比空氣大,水霧不會流出塑膠桶外。

在等待集氣的過程中,可以先把所觀察的物件放到風洞機內,再蓋上透明蓋子,防止外面的氣體干擾。當一切都準備就緒後,我們可以開啟LED和風扇,一邊調整風速,一邊觀察氣體流動的效果(圖 S)。

注意: 當風速太快時,水霧的密度不足,會令觀察效果不明顯;而風速太慢時,風洞機內氣體流動太慢,也不能達到最佳的觀察效果。

雖然我們無法模擬成像實際的風動實驗擁有那麼快的風速,但因為水氣密度比一般煙霧還重,不會太快被沖散,只要控制風扇得當的話,仍有不錯的煙線效果。

更進一步

這套實驗設備在未來還有許多的擴展可

能,例如你可以加上空速計來自動控制穩定的風速,創造更精密的實驗環境,讓你的設計更加精巧!

你可上Arklab飛行學院討論區(arklab.tw/ark.php)一同交流,參與專題或分享自己的作品。

打造一臺自製的
多軸飛行器！

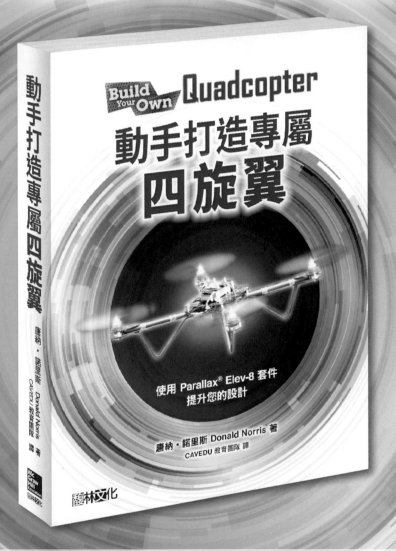

動手打造專屬四旋翼

唐納‧諾里斯
Donald Norris
CAVEDU 教育團隊 譯 著

Build Your Own Quadcopter

**動手打造專屬
四旋翼**

使用 Parallax® Elev-8 套件
提升您的設計

唐納‧諾里斯 Donald Norris 著
CAVEDU 教育團隊 譯

馥林文化

- 了解控制四旋翼飛行背後的原理
- 探索您的Parallax ® Elev-8套件中的組件
- 透過插圖的基礎教學指引完成您的飛行器
- 連接Parallax到您的電腦並撰寫Spin與C語言
- 建立擁有極小干擾的遙控系統

- 添加GPS系統來透過Google Earth追蹤您的飛行器
- 透過WiFi與XBee模組來傳送您的飛行器資訊到手機
- 裝置鏡頭並即時傳送影像到地面工作站
- 透過飛行模擬軟體的模擬訓練您安全的操控四旋翼

製作一臺能夠起飛、著地、盤旋並翱翔天際的自製遙控飛行器。《動手打造專屬四旋翼》，並使用Parallax® Elev-8套件提升您的設計；透過一步一步的組裝流程與實驗，讓您立刻了解四旋翼可以執行的事情、知道如何連接Elev-8的零件、編寫微控制器的程式、使用GPS在四旋翼上且安全地操作。透過自行設定四旋翼返家功能、列隊飛行甚至人工智慧等有趣的教學，提升您的設計基礎並刺激您充滿創意的想法。

DRONE FLYER'S GUIDE

無人機玩家指南

評測8款卓越的四軸飛行器

文：麥特·史特爾茲　譯：屠建明

在一個晴朗的春天早晨，《MAKE》雜誌的團隊爬上位於加州索諾瑪市風光明媚的昆德酒莊山丘，準備為我們的無人機玩家指南測試多款四軸飛行器。

準備作業

看到市面上琳瑯滿目的無人機，我們知道舉辦第一場無人機生死鬥的時候到了。這次我們聚焦在可攜帶攝影機、價位在500～1,400美元的四軸飛行器，並且採用和3D印表機及數位製造機具相同的評測標準。我們取得全新的無人機來比較開箱和設定過程的體驗，並確保在所有無人機系統上都獲得處女航的感受。在橡樹遮蔭的野餐桌上，我們先安裝應用程式和韌體的更新，並和手機進行配對連線，接著就升空了（飛行前務必檢查有沒有更新。）

進行測試

我們的飛行測試項目包含電池續航力、影像品質與穩定性、飛行距離、飛行速度和操控性。針對電池續航力和影像的評估，我們以定點拍攝空中縮時影片來測量動作和整體飛行時間。針對距離，我們飛過酒莊的葡萄園和小徑來觀察訊號強度的極限。飛行速度測試包含測量從滯空到400英尺外定點多次來回的所需時間，再取平均值。無人機的操控性則是依賴測試人員的經驗分享和專業。

實測結果

我們從實測發現了很多事，其一就是製造商宣傳的性能幾乎永遠高於產品的實際表現。另外，墜機次數極低及不具顯著性，顯示了各家系統穩定性的提升。

整體而言，我們當天的飛行和資料蒐集成果豐碩，也少不了增添精彩刺激的驚險時刻。我們這就來看結果吧。

在測試結束後帶 DJI Inspire 1 兜風。如果想要飛得比本篇指南中所有機種還快，這是我們最佳的選擇。

更多線上內容！歡迎到 makezine.com/comparison/drones/ 看更多實測這一系列無人機的所有細節。

Hep Svadja

DJI PHANTOM 4

障礙物偵測功能和自動模式讓這款高品質無人機好飛、好玩
文：麥特・史特爾茲

DJI不斷地在消費型攝影無人機市場為自己建立名聲。 這架DJI無人機兼顧平價和尖端技術，幾乎可說是一臺國民機。Phantom 4不僅是DJI系列產品的最新機種，更讓人感到是整個產業進化的重要一步。

感測器令人驚豔

Phantom 4最突出的地方是感測器。它具有2個感測器和5臺攝影機，其中2個位於起落架上方，配有專用的處理器來偵測航道上的障礙物。這個功能適用於高速的「競速」之外所有飛行模式。我們剛開始半信半疑，但測試後發現效能很好，適合自動飛行或用於新推出的「追人」功能，可以避免撞擊樹木、建築物或其他航道上的障礙物。然而這只對往前飛行有用，其他方向上還是會盲飛。

準備工作很簡單：新的夾式旋翼架是很聰明的設計，而精簡的保麗龍箱也讓搬運很容易。隨附的遙控器拿起來很舒服，而且也可以輕鬆在手機或平板上透過DJI的應用程式使用進階功能。

結論

Phantom 4適合資深駕駛和新手，是名副其實的下一代無人機。

2016 GUIDE TO DRONES
Make:
BEST OVERALL
DJI PHANTOM 4

★ 最高總得分

dji.com

實測得分

	0 1 2 3 4 5
飛行穩定性	
攝影品質	
訊號範圍	
飛行操控性	
控制介面	
電池續航力	

總分：28.5

◆ **測試時價格** 1,399美元

◆ **內含** 無人機、發射器、2組旋翼、電池與充電器、Lightning與microUSB連接線、攜帶箱

◆ **無人機尺寸** 對角15.5"（不含旋翼）

◆ **遙控器類型** 綜合：以發射器控制、以手機或平板（未附）進行即時視訊／遙測／任務規劃

◆ **攜帶箱** 附栓鎖及把手之保麗龍箱

◆ **攝影機類型** 內建

◆ **攝影機解析度** 4K

專家建議
Phantom 4有多種飛行模式可選擇。起飛前先思考飛行的目標；追蹤物體或沿特定路線飛行時以模式輔助可能比自行手動操控容易。

購買理由
Phantom 4的各種感測器讓飛行很好玩，壓力也更小。若和無人機失去聯繫，Phantom 4全身而退的機率也更高。

認識測試團隊（從左到右）

◆ 凱爾文・林，無人機競賽公司rotorsports.com的業務總監
◆ 麥可・西尼斯，《MAKE》雜誌執行編輯
◆ 麥特・史特爾茲，《MAKE》雜誌特約編輯
◆ 賈斯汀・凱利，3D設計公司Proto.house創辦人。在P.40有他的文章〈夜間飛行〉。
◆ 泰勒・溫嘉納，《MAKE》影片製作人（未出現於照片）
◆ 奧黛莉・唐納森，《MAKE》資深採購人員（未出現於照片）

PHANTOM 3 專業版
單純、穩定的空拍入門機

文：泰勒・溫嘉納

降價後的 Phantom 3 專業版對認真想學習空拍的人而言可能是最佳的入門機。 這款四軸無人機從開箱開始的準備工作都很單純。旋翼會鎖上顏色標示的螺絲，而隨附工具組中的扳手可以協助達到正確的鬆緊度。充電後，安裝 DJI Go 應用程式，並更新韌體，就做好起飛的準備了。

強大、堅固

飛行的體驗很單純，但也很強大。遙控器很穩固，搖桿的控制直接而且靈敏。它的 GPS 和光學定位系統讓滯空的能力非常可靠，即使 GPS 收訊不佳時也不減效能。這樣的穩定性會讓初學者駕駛更有信心，而搭載 Lightbridge 技術的即時影像讓追蹤鏡頭的規劃和執行很容易，即使要隨興發揮也沒問題。它錄製的 4K 影片很清晰、不失真；AVCHD QuickTime 檔案格式也很容易把影片加入編輯流程。

結論

雖然 Phantom 3 專業版已經不是 DJI 的旗艦機種，它仍然很強大，尤其是做為空拍的入門機。

PHANTOM 3 標準版
平價高品質的四軸無人機

文：泰勒・溫嘉納

★ 最佳入門機

俗話說「便宜沒好貨」，但這可不適用於 Phantom 3 標準版。 價格不到500美元的 Phantom 3 標準版在專業版上市後幾個月推出的 Phantom 系列基本款，所以很難不去跟專業版比較。標準版確實少了一些功能，但除非一一比對，其實感覺不出來。

標準版僅使用美國 GPS 衛星進行定位，並完全捨棄了視覺定位。滯空能力有差別，尤其在風中更明顯，但機體仍然非常容易控制。

它的即時視訊和遙測是透過 Wi-Fi 下行傳輸而非 DJI 的 Lightbridge 技術，因此使用者會發現一些延遲和丟棄影格，尤其在網路飽和的區域。它的視訊清晰度讓使用者可以運鏡，但單用即時視訊來閃避近距離障礙物需慎加考慮。雖然解析度不到 4K，錄製的影像依然穩定、清晰。

結論

除了質感較低的遙控器和力道不足的行動裝置夾，標準版依然展現高品質。如果預算有限又需要空拍，Phantom 3 標準版是划算的選擇。

3DR SOLO

如果想要自己改造軟體，就選Solo 文：麥可·西尼斯

2016 GUIDE TO DRONES
Make:
MOST HACKABLE
3D ROBOTICS SOLO

★ 最適合改造

Solo充滿未來感的黑色機體凸顯無人機技術的突飛猛進。

這款四軸無人機和遙控器各自搭載一臺1GHz Linux電腦來供應自動飛行功能的需求。自動功能的直覺性和便利性讓我們的多點索道攝影路線在測試過程中每次都精確完成。Solo的系統依照「DroneCode計劃」的目標設為開放原始碼，供使用者修改和分享，也會讓最初「DIY Drone」社群的成員很熟悉。

飛行表現

Solo是很快速的無人機；用它最慢速的設定可以把晃動降到最低，但全速前進時，它和Phantom 4的競速模式並列本次測試的機種中速度冠軍。我們的電池測試取得14分鐘的飛行時間，並且發現收訊最遠距離約為2,600英呎。Solo的攝影機採用的是GoPro。原本GoPro因為使用廣泛和高品質而成為加分項目，但競爭品牌已經開始追上，而且現在也有部分使用者認為水平地平線的鏡頭優於GoPro的廣角。

聰明旅行設計

Solo的選購背包是本次測試的無人機中我們最喜歡的攜帶箱。它背起來舒適，而且有充足的空間來放置配件，大幅簡化了攜帶無人機長途旅行的麻煩。

結論

Solo是具備擴充潛力的無人機，但價格不便宜。

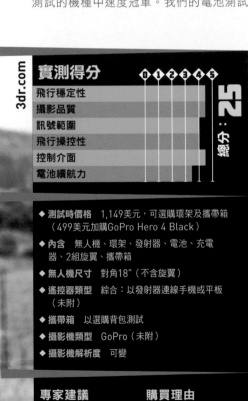

3dr.com

實測得分	0 1 2 3 4 5
飛行穩定性	
攝影品質	
訊號範圍	
飛行操控性	
控制介面	
電池續航力	

總分：25

◆ 測試時價格　1,149美元，可選購環架及攜帶箱（499美元加購GoPro Hero 4 Black）

◆ 內含　無人機、環架、發射器、電池、充電器、2組旋翼、攜帶箱

◆ 無人機尺寸　對角18"（不含旋翼）

◆ 遙控器類型　綜合：以發射器連線手機或平板（未附）

◆ 攜帶箱　以選購背包測試

◆ 攝影機類型　GoPro（未附）

◆ 攝影機解析度　可變

專家建議

依照慣例，出門前務必先更新韌體；對Solo而言，這代表也要更新GoPro的韌體。

購買理由

想要高品質、穩定的空拍平臺，有可以改造的軟體，而且有GoPro攝影機可以裝在環架上。

GHOST 2.0
適合慣用手機的駕駛

文：麥特·史特爾茲

智慧型手機已經成為人和科技互動的中心。Ehang出品的Ghost 2.0借助我們對手機的熟悉，把它變成無人機的遙控器。這並不是新的概念，但Ehang因為納入了G-Box，讓這種設計更上一層樓。

收訊強化

Ehang不把手機直接和無人機連線，而是透過G-Box作為中介裝置，讓收訊範圍大幅超越手機的藍芽或Wi-Fi訊號。

我們測試時起初在G-Box的連線遇到一些問題，但設定完成後，運作很順利。可惜我們仍然沒有搖桿可以控制。購買Ghost 2.0時有幾種攝影機可以選擇，最高有內建4K，也可以不裝。我們測試的無人機有裝在多軸環架上的GoPro，空拍影像出現一些穩定性問題，我們認為可能和環架有關。這似乎不是常態的問題，因為我們看過其他使用者用Ghost 2.0拍出穩定的影片。

結論

Ghost 2.0試圖用安裝方向上下顛倒的旋翼和手機控制來影響攝影無人機的潮流，但還需要多些改良才能和競爭者並駕齊驅。

實測得分

	0	1	2	3	4	5
飛行穩定性						
攝影品質						
訊號範圍						
飛行操控性						
控制介面						
電池續航力						

總分：17

ehang.com

◆ 測試時價格　799美元
◆ 內含　無人機、G-Box、電池、充電器、2組旋翼、旋翼防護器、工具組
◆ 無人機尺寸　對角16"（不含旋翼）
◆ 遙控器類型　手機或平板（未附）及收訊延伸器
◆ 攜帶箱　無
◆ 攝影機類型　GoPro或選購內建攝影機
◆ 攝影機解析度　依攝影機而異

專家建議
Ghost 2.0配備內建5.8GHz視訊發射器，和多數的FPV裝置相容，戴上目鏡就跟自己在飛一樣。

購買理由
Ehang獨特的遙控器設計讓Ghost對習慣用手機操控小型無人機的使用者而言是合適的升級目標。

CHROMA
穩定、輕鬆、物超所值

文：麥特·史特爾茲

Horizon Hobby出品的Chroma是讓你不用破產就能買到的好無人機。雖然在業餘無人機圈子外名聲不如DJI或3DR，這款無人機可有兩把刷子。

飛行不誤點

Chroma一開箱就具備所有的飛行所需，不需要額外的手機或平板。隨附的遙控器有內建觸控螢幕介面，讓使用者無須連線外部裝置就能使用進階功能。內建的4K攝影機和環架提供流暢、高品質的影片，以及遙控器上的第一人稱視訊。

駕駛Chroma非常輕鬆。雖然它（配備大型無刷馬達）不是最快的機種，但極度穩定，操控性也高。要說Chroma飛行能力的缺點，就是發射器的範圍。我們駕駛同級的他牌無人機可以飛到將近一英哩外都有訊號，但Chroma不到800英呎的距離就和發射器失去聯繫。

結論

如果購買飛行行器有預算限制，又想要出色的影片品質，Chroma是個好選擇。

實測得分

	0	1	2	3	4	5
飛行穩定性						
攝影品質						
訊號範圍						
飛行操控性						
控制介面						
電池續航力						

總分：22

horizonhobby.com

◆ 測試時價格　800美元
◆ 內含　無人機、發射器、配件、電池、充電器、工具組、螢幕保護板
◆ 無人機尺寸　對角18"（不含旋翼）
◆ 遙控器類型　獨立型，具備內建觸控螢幕
◆ 攜帶箱　無
◆ 攝影機類型　內建
◆ 攝影機解析度　4K

專家建議
Chroma的電池所需的充電時間相當長。購買備用電池來延長飛行時間並縮短每次飛行之間的等待。

購買理由
Chroma可能不是尖端機種，但對想要入門的使用者而言是不錯的選擇。

PARROT BEBOP 2
文：麥可・西尼斯

稍微增加體積、大幅延長飛行時間

實測得分	0 1 2 3 4 5	
飛行穩定性		
攝影品質		
訊號範圍		總分：17.5
飛行操控性		
控制介面		
電池續航力		

Bebop 2和原版的Parrot Bebop相比有稍大的尺寸：軸更長、旋翼更大、機身也更大。從尺寸放大獲益最多的是電池，提供了本次測試的機種中最長的27分鐘飛行時間，也是唯一超出標榜時間的機種。

行動裝置無法滿足

我們收到測試用的無人機沒有附遙控器。Parrot公司說另售的SkyController可以和它配對，但我們的無法和無人機連線，只好用iPad和iPhone代替。這代表我們只能讓它飛到裝置的訊號極限，也就是說距離很短。我們後來還得試著高舉平板來試圖取得連線。另外，飛行中接到電話是很可怕的事，因為會在空中無法存取遙控器應用程式。

它的應用程式具有錄影和攝影的各項功能。資料儲存在內部的8GB空間，整天錄影就不太夠。影像品質和原本的Bebop相同，拍成一般家庭影片效果不錯，但用於電視電影就不夠看。自動飛行計劃功能可以用20美元在應用程式內購買。

結論

我們喜歡Bebop 2的尺寸，但Wi-Fi連線的控制仍然很挫折。

◆ 測試時價格　549美元
◆ 內含　無人機、電池、充電器、2組旋翼
◆ 無人機尺寸　對角12"（不含旋翼）
◆ 遙控器類型　手機或平板（本次測試）或SkyController（選購）
◆ 攜帶箱　無
◆ 攝影機類型　內建，具備軟體影像穩定
◆ 攝影機解析度　1080p

專家建議
攜帶筆記型電腦來下載影片，藉此騰出空間。如果要徹底發揮Bebop的潛力，不要用獨立版本，直接買SkyController來搭配。

購買理由
如果你堅持要最長的飛行時間，並且可以犧牲控制可靠和影像品質，就選這架。

parrot.com

PARROT BEBOP 1
文：麥可・西尼斯

流線、小巧，但Wi-Fi功能有待加強

實測得分	0 1 2 3 4 5	
飛行穩定性		
攝影品質		
訊號範圍		總分：16
飛行操控性		
控制介面		
電池續航力		

原版Bebop是本次測試中最小的機型，可以在裝上旋翼的狀態放進一般大小的背包，但還沒小到過度影響它的飛行表現。然而，加上笨重的必需品SkyController和它的巨型Wi-Fi天線，可攜性就大減了。

連線被打槍

Wi-Fi控制介面是最讓這款無人機扣分的地方。配對連線花的時間超長，而且時常飛行途中斷線，使無人機滯空直到重新連線。Parrot號稱收訊範圍1.4英哩，但即使用全速飛行，可憐的電池續航力也飛不到那個距離，尤其是想讓它飛回來的話。

Bebop的尺寸優勢部分來自把高解析度攝影機和超廣角鏡頭塞進機身，再用軟體把畫面裁減到1080p，藉此達到影像穩定。這麼做的效果出奇好，但要取得慢速、順暢的橫搖鏡頭就比較難。我們會希望有輸出完整解析度影像的選項。

結論

以這樣的尺寸和價格，Bebop是適合家庭休閒的無人機。它的旋翼不會傷人，影像輸出也不錯，只可惜Wi-Fi太弱。◉

◆ 測試時價格　499美元
◆ 內含　無人機、發射器、3組電池、充電器、2組旋翼、平板電腦遮陽板、頸帶
◆ 無人機尺寸　對角10.75"（不含旋翼）；SkyController：14.6×9×7.5"
◆ 遙控器類型　手機/平板或SkyController（本次測試）
◆ 攜帶箱　無
◆ 攝影機類型　內建，具備軟體影像穩定
◆ 攝影機解析度　1080p

專家建議
因為續航力低得可憐，備用電池就成為認真的攝影飛行的關鍵。盡可能多買幾個。

購買理由
如果需要精巧的無人機，而且對飛行準備工作有耐心，這架就適合你。

parrot.com

CHOOSING A FLIGHT CONTROLLER

文：亞力克斯・茲瓦達　譯：屠建明

亞力克斯・茲瓦達
Alex Zvada
自小就受飛行的薰陶，目前於Flite Test擔任空對空追逐駕駛及美術總監。

用8種DIY飛控板教你的愛機怎麼飛

DIY無人機時，最重要的考量之一就是讓它能起飛的控制板：飛行控制板。這個元件負責把發射器搖桿的動作透過電子調速器（ESC）轉譯成馬達動作，具備板載陀螺儀，對陣風等外力進行穩定及補償。

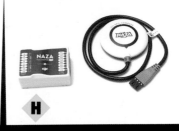

競速飛控板

最受歡迎也最平價的飛行控制板是Acro Naze32（圖 **A**）、Lumenier LUX（圖 **B**）和Flyduino Kiss FC（圖 **C**）。

這些精簡、輕量的飛控板可以輕易安裝在軸距180以上的FPV競速機骨架上。對初學者而言，這些款式沒有什麼不同，都提供自動校正，但缺少GPS和定點功能。自動校正對初學者而言很好用，因為它會在使用者放開搖桿時自動把無人機拉回水平，但仍然要同時對風吹飄移進行補償和控制油門。

Naze32推出的時間最長，也有最多的線上資訊。認真／職業競速與自由式飛行駕駛常用的是LUX和Kiss FC。這些控制器的價格從30到45美元不等。

在典型的無人機上，接收器會連接到飛行控制器，再連接到ESC和馬達。推出不久的**Graupner GR-18**（圖 **D**）將接收器和飛行控制器結合成單一元件，擺脫多餘的接線，讓準備工作更簡單。

和其他三款控制器一樣，GR-18僅提供自動校正，可透過發射器的觸控LCD螢幕來設定，讓準備和調整的程序簡單快速。

飛行控制器和接收器的結合讓它99美元的價格十分合理。但要注意，它只能和Graupner發射器搭配使用。

可稱得上元老級飛行控制器的**HobbyKing KK2.1**（圖 **E**）是第一款以30美元平價販售的機種（現在只要19美元），也因為內建螢幕讓它算是好用。雖然使用的技術相當過時，它對初學者而言仍然是不錯的選項，也常被用在現今的大小專題中。

自動飛控板

具有更多自動功能的飛行控制板價格上升到200美元左右。最受歡迎的機種是Eagle Tree Vector（圖 **F**）、3DR Pixhawk（圖 **G**）和DJI Naza-M Lite w/GPS（圖 **H**）。他們讓你安心使用GPS和位置／高度鎖定功能，如果放開搖桿，無人機會在空中穩住，風也吹不動。

Naza-M Lite是使用起來最便利、事前準備和調整最輕鬆的。Vector有彩色的螢幕上顯示（OSD）的優點，用類似戰鬥機的方式在FPV目鏡或螢幕上顯示重要的飛行資訊。3DR Pixhawk是開放原始碼的裝置，而且其可編程性遠高於其他兩款；如果你是程式設計師，就可以變更飛行控制板的參數，讓它符合你的需求。

不論你走的是哪個路線，都有好用、負擔得起的飛行控制板供你選擇。

FPV NIGHT FLYING
夜間飛行 改造紅外線投射燈與無人機來劃破黑暗！文：賈斯汀·凱利 譯：Madison

賈斯汀·凱利
Justin Kelly

一位專業Maker（proto. house）、熱血的快速發明家，並對造型有著獨到的品味。他的3D列印Nerf玩具槍改造事業（lasergnomes.com）曾刊登於《MAKE》Vol.50（國際中文版Vol.26）。

材料
» 紅外線迷你攝影機Sony SuperbHAD II（15～35美元）或 RunCam Owl（40～65美元）
» 紅外線安全投射燈如 CMVision IR30 或 Univivi U03R
» 鋰電池，3S 或 4S，用於投射燈。你需要用FPV 供電給攝影機。
» 鋰電池電源引線，搭配你的鋰電池

工具
» 烙鐵
» 3D 印表機（非必要）
◆ 時間：1～2小時
◆ 成本：100～200美元

用第一人稱視角（FPV）飛行時，不管是反應時間、影片延遲時間還是飛行時間，分秒必爭。不想因為太陽下山就打包回家？以下是黑暗中用紅外線攝影機和照明輔助飛行的作法。你可以搭配市面上的其他商品和 Maker 的創意，享受無人機飛行樂趣，一秒都不要浪費。

打造夜視功能
1. 選擇夜視專用紅外線攝影機

如果攝影機在低光源下什麼都看不到，就無法飛行。從傍晚進入沒有月光的晚上時，戶外環境光從100流明降低到0.0001流明。這樣的黑暗相當具有挑戰性。我用兩個夜視紅外線攝影機進行飛行測試，測量它們的夜間效能。兩種都是小巧輕量型的攝影機，可吃5V～24V直流電（可用2S、3S或4S電池）。特別感謝萊納·馮·韋伯（Rainer Von Weber）（vondrone.com）和舊金山無人機學校的幫忙！

Sony Super HAD II，600TVL，28mm×28mm

◆ 有濾紅外線（濾光片在感測器上）和感紅外線兩種版本可選
◆ 最低照度：0.01流明（滿月）
◆ 日／夜：自動／色彩／B&W（B&W模式下解析度可增加到650VTL）
◆ 白平衡：手動／自動／自動追蹤
◆ 特色：2.1／2.8／3.6mm鏡頭選擇、數位降噪、動態範圍大、視控調整選單和控制器

RunCam 0w，700VTL，19mm×19mm

◆ 紅外線過濾：在鏡頭上，可移除
◆ 最低照度：0.0001流明（星光）
◆ 日／夜：自動
◆ 白平衡：自動
◆ 特色：$1/_2$" f/2.0 150°廣角鏡頭、電壓調節、內建麥克風

RunCam

Sony的28mm迷你相機是FPV標準配備,其感紅外線版本在適當照度下運作良好。但是RunCam Owl(圖 **A**)是專門為FPV夜間飛行所設計,在我的測試中表現壓倒性勝利。

2. 安裝你的紅外線攝影機

a. 移除你目前的FPV設備。

b. 裝設你的紅外線攝影機:黃線是訊號線、紅色是電源線、黑色是地線。我做了一個通用的3D列印殼,可以將Sony攝影機固定在我的無人機上(圖 **B**);你可以到tinkercad.com/things/75mSEWpClDy下載檔案。Owl體積很小,用它原本的殼就可以了。

c. 上電前,確定線接對方向,確定電壓正確。

d. 確認攝影機正常運作後,如果需要的話進行攝影機的設定。RunCam Owl不需設定也沒有控制器,裝上去就可以用了。Sony有詳細的螢幕設定(OSD)選單,你可以根據當時環境調整攝影機。夜間飛行有些參數可以設定,以減少延遲。最重要的是強制進入B&W模式,同時減少快門速度至$1/_{60}$。

不可見的投射燈光

你的夜間飛行成功了,你也喜歡所看到的夜間景色,但對於太暗以至於夜視攝影機也看不清楚的地方仍感不滿。

不如用紅外線照明破解黑暗吧!在光譜上,紅外光是紅色可見光之外人眼看不見的光。但透過科技,我們可以獲得生物的夜視能力,只須移除攝影機的紅外線過濾器,並加上紅外光源。

3. 選擇並移植紅外線投射燈

我找到兩種不同的安控用紅外線投射

燈,把裡面的電路板挖出來裝在我的無人機上。兩種系統都是12VDC,發出850nm紅外光,可用傳統3S和4S電池(直接布線雖可行但不建議,因為一個不注意,不可見光就會快速耗盡無人機的電力,所以我直接加一顆3S電池。)

CMVision IR30廣角紅外線燈

30顆高功率紅外線LED,輻射寬度50'

Univivi U03R 90°陣列式紅外線燈

4顆大型高功率LED,輻射寬度100'

兩款我都測試過,發現四顆LED的光線比較集中,在戶外投射距離較遠。30顆小顆LED適合速度較慢、周邊視覺比較重要的室內飛行。就看你的用途。你也可以試試用高電壓電池取得更強的紅外光。

4. 自製紅外線無人機投射燈

a. 移除紅外線陣列上的金屬殼(圖 **C**)。

b. 剪掉原本的雙芯電源線,接上新的電源線以連接一顆絕緣電池(建議用這個方式)或是無人機的電源(圖 **D** 和圖 **E**)。

c. 將紅外線陣列安裝於無人機上,使其角度與FPV攝影機相同。你可以到tinkercad.com/things/1uyb4KSgN6h下載我的直徑2"投射燈固定架3D列印檔,並列印出來。

d. 開啟紅外線陣列。你可以看到Sony攝影機在只有環境光(圖 **F**)和開啟30-LED紅外線燈時的差異(圖 **G**)——差很多吧!

現在你已經準備好劃破黑暗了。記住,夜間飛行時,就算有科技的協助,最好還是先瞭解環境,熟悉最佳狀況下仍不容易看見的障礙物。出發吧!

Hep Svadja

Hep Svadja, Justin Kelly

阿薩・哈蒙德、尼爾斯・朱伯特、內森・斯庫特及柔伊・斯特姆博。

捍衛戰士
這群科技先鋒將多軸無人機領域推上了前所未有的高峰

TOP GUNS

文：麥可・西尼斯　譯：葉家豪

隨著無人飛行載具（UAV）迅速發展為高性能飛行平臺，已有數不盡的軟體及應用程式隨之誕生，應用領域甚至從娛樂產業橫跨到工業用途。不僅如此，每個應用領域都存在各自的研發先鋒，推動所屬的軟硬體持續發展、進步。為此我們精心採訪了幾位表現傑出且成果豐碩的產業前鋒，來看看他們是如何起頭、使用何種無人機，以及對未來所屬產業走向的看法。

麥可・西尼斯 Mike Senses
《MAKE》雜誌總編輯。在工作閒暇之餘他便一頭栽進遠端遙控無人機，並不斷試著做出完美的披薩。

尼爾斯・朱伯特
史丹佛大學無人機研究員

目前絕大部分無人機開始搭載的功能——例如基本的自動飛行和避障——都是在實驗室中經過多年的開發、測試及展演而成熟的技術。到目前為止相關的技術研發仍是採用這種慣例，時至今日，全球各地的學術機構仍不斷開發四軸飛行器的各種應用技術，例如丟／接物品、編造吊橋以及堆疊磚塊等。史丹佛大學博士研究生尼爾斯・朱伯特（Niels Joubert）是無人機開發領域的一員，專注於把電腦模擬的無人機動作重現於現實世界中。在 njoubert.com 網站可以看到他的研究成果。

◆ **你從何時開始投入無人機領域？**

我在2013年9月啟動了史丹佛電腦圖像研究中心的四旋翼無人機專案，與我的同事麥可・羅勃茲（Mike Roberts）一起合作。這是我開始狂熱投入這個領域的起點。在開始這個專案之前，我參與了其他的機械電子專案，包含SNAPS微型衛星計劃。

◆ **你的參與在無人機領域代表了什麼意義？**

在我們的研究中，我們只進行幾乎完全自動化的實驗飛行任務。我們重新設計了新的工具及演算法，並使用無人機做為載具，將這些感測器放到世界各個角落，而整個過程完全不包含人為操作。此外我們也在探索各種讓無人機真正自主控制的方法，以使無人機比起有人在背後用遙控器操作，能與人類更順暢、自然的互動。

在私底下，我喜歡玩空拍和第一人稱視角飛行（FPV）。在史丹佛的無人機社團裡，我們操控各式各樣的無人機、互相追逐等，玩得相當開心！

◆ 你的飛行配備有哪些？
- 一臺3DR Solo空拍機，內建Swift Navigation的即時動態定位系統（RTK GPS）。
- 一臺Black Pearl FPV無人機監控設備。
- 一座即時動態定位基地：由Novatel GPS天線、Swift Navigation的RTK定位系統和Ubiquiti Bullet M5 Wi-Fi訊號發射器等設備組合而成。
- 一臺MacBook Pro地面工作站，運行MAVProxy和我客製化的開源測試飛行環境「Spooky」（github.com/njoubert/spooky）
- 數臺GoPro和腳架，用來從地面上錄製飛行過程。
- 一組輕便折疊桌椅。
- 一頂帆布頂棚：偶爾需要防備預料之外的大雨！

◆ 無人機未來會如何發展？
就我看來將有兩個主要的發展方向：大量的無人機將會全自動地協力合作，用於監控或貨物傳遞等用途；或將做為個人的機器人助理，讓人們能更輕鬆地記錄及分享生活。

柔伊・斯特姆博
第一人稱視角無人機競速選手

在這個新興運動「第一人稱視角無人機競速」中，由於無人機仍屬於新興技術，FPV競速的佼佼者僅有幾年的飛行資歷。柔伊・斯特姆博（Zoe Stumbaugh）是FPV競速的明日之星之一，她獨創了新的無人機操控技術，在去年夏天美國加州沙加緬度的全國無人機競速大賽（第一個獲政府正式認可的全國性運動競賽）中知名度大開。

◆ 你從何時開始投入無人機領域？
2014年8月我買了第一臺微型無人機，一個月後在Youtube上看到FPV競速影片後開始打造我的第一臺競速無人機。第一次飛行後就從此愛上了這項運動！

◆ 你為了什麼原因而飛？
就是純粹為了好玩——以及競賽所獲得的榮耀。除了FPV競賽之外，我正在開創「3D飛行」——藉由無人機瞬間翻轉的能力，讓操控者能夠在視覺上對抗地心引力。詳情可參照www.instagram.com/p/BCEp3vjI8w-/。

◆ 你的飛行配備有哪些？
我的背包已經爆滿了，裡面裝了四組無人機：Twich 109，由UniqueFPV製造，日常娛樂及競賽使用；另外三組是Hovership Zuul、Atomic Aviation Mercury及Bullit Drones，3D飛行測試用。還有Fat Shark HDv2視訊目鏡、Taranis X9D遙控器及30顆左右的電池，占了大量背包空間，看飛行畫面用的5.8GHz DVR/LCD航拍顯示器及額外一組目鏡，讓人們進行飛行體驗；最後是GoPro和Mobius HD相機，用來記錄整個飛行過程。

◆ 無人機未來會如何發展？
無人機將可藉由感測與避障科技，在絕大部分的應用上實現全面自動化，並能藉由使用者的輸入獲得「導引」。至於競賽場景，我很期待在年底之前，在全國電視頻道上能夠出現full HD現場直播影片。

內森・斯庫特與阿薩・哈蒙德
Prenav.com共同創辦人

針對大型建築物進行工業檢測是一項艱鉅的挑戰——尤其是會動的建築物，例如風力發電機。工程師們為了正確且仔細地完成檢測工作，往往必須穿戴攀爬器具後，從高塔上垂降，才能接近整棟建築的核心重點區域。若使用配備高解析度攝影機的無人飛行載具（UAV），便能夠有效降低檢測工作的危險性，然而現階段的飛行定位仍然無法百分之百準確。Prenav公司由內森・斯庫特（Nathan Schuett）與阿薩・哈蒙德（Asa Hammond）共同創辦，正嘗試使用點雲技術（point cloud）控制檢測用無人機，來達到以公分為誤差計算單位的精確程度，以解決定位準確度的問題。

◆ 你為了什麼原因而飛？
主要的原因是受這種科技吸引。我們覺得這種小小的飛行機器人很迷人——尤其是讓它們能自動且精準飛行的挑戰。

◆ 你的飛行配備有哪些？
Prenav的原型測試機（我們的雷射掃描導航系統和無人機）。

◆ 無人機未來會如何發展？
擁有更長的飛行時間、更好的影像解析度、持續提升的安全性和穩定度，以及更進步的防碰撞和自動化功能。我已經等不及想見識一下了！ ◗

Hep Svadja

Raul Arias

Christopher Michel

南西・伊根
法規專家及3D Robotics公司法務長

過去一年來，美國聯邦航空總署（Federal Aviation Administration，FAA）針對一般消費性無人機的使用，發佈了一系列各界預期已久的明文規範，其中無人機操控者的註冊核可標準則較各界預期的來得寬鬆且可獲接受。FAA為了完成這套規範，組織了專案小組，其成員包含無人機操作專家、無人機製造商以及經銷商，上述成員發展制定了無人機相關規範的走向。南西・伊根（Nancy Egan），3D Robotics公司法務長是這個專案的領導人，而隨著無人機領域持續發展，她也不間斷地與華盛頓的執法者交手。

◆ 你的參與在無人機領域代表了什麼意義？
我最主要的工作之一就是要讓政府各級機關的人員了解這項科技以及創新的快速，從而協助訂定相關規範和鼓勵創新的政策——同時保護所有人的安全。

◆ 你為了什麼原因而飛？
我在加州索諾瑪玩無人機。我是個隨性的拍片者。索諾瑪是一個超棒的地方，由於這地方的氣候和地形地貌，就算每天在同一時間操作同樣的無人機，每次都能有新的發現。

◆ 你的飛行配備有哪些？
我的FAA申請書！

◆ 無人機未來會如何發展？
如果說唯一的限制就是天空會不會太誇張？短期而言我們必須確保在美國法律中有一套明確的法規架構，以允許大眾運用這個人們已經擁有的美好科技。

BUILD YOUR

不久以前,要玩四軸飛行器的唯一途徑就是自己製作。現在,雖然已經有了各式各樣現成的無人機可以購買,動手DIY無人機、了解它的構造還是有很多好處。以下有四種可自製的無人機種,令人目不暇給。

打造你的專屬無人機 自製四軸飛行器及遙

Pi Zero無人機

這款四旋翼上裝配了Raspberry Pi Zero,性能更升一級。這款以Linux為基礎的無人機因為有Dronecode的開放原始碼APM軟體,除了可以做到像防震這樣輕量級的功能以外,也能做出各種進階的自動飛行指令(如:跟隨、繞圈、預設路線、滯空、返回基地,以及其他飛行模式。)

此款無人機的價格落在200美元左右,其中60美元會花在HobbyKing Spec FPV250套件上,這是此款無人機的機械結構基礎。

詳細資料:
◆ FPV250套件
◆ PXFmini自動飛控板
◆ Multistar 1704馬達
◆ 1,000mAh Turnigy 11.1V電池(3S鋰電池)
◆ 5×3×3螺旋槳
◆ Afro V3 12A電子調速器
◆ Mini JST電源連接器

製作方法:
goo.gl/XHJBc6

Micro 105 FPV

這臺兩件式設計的微型四旋翼機身體積夠小,可以用任何一臺3D印表機直接列印出來。此款無人機使用的是30美元的Micro Scisky飛控板,機身前方還有預留一個空間,可以放置價格10美元的170° FPV相機。

此款無人機總重(不含電池)約38g,材料總價低於100美元。

詳細資料:
◆ Micro Scisky飛控板
◆ Hubsan X4 H107c 8.5mm馬達
◆ FX758-2 5.8G 200mW影像傳輸器
◆ 170° 廣角相機
◆ Hubsan X4電池
◆ Ladybird 螺旋槳
◆ JST SH連接器
◆ M3尼龍螺絲和20mm機械螺絲(旋入後修整到適當大小)

製作方法:
thingiverse.com/thing:1221911

OWN DRONE

唐諾・貝爾
Donald Bell
曾任《MAKE》專案編
輯,喜歡彈吉他、滑滑板
還有跟兒子一起玩。

文:唐諾・貝爾 譯:孟令函

控定翼機專題,不必花大錢也能翱翔天空

可拆卸式3D列印四軸無人機

競速無人機很常損壞,要是你的競速無人機很少壞,那可能
就是你的競速無人機操得不夠兇。

為了縮短維修時間,Ozone Drones的安德魯・奧塞霍
(Andrew Ocejo)設計了一款模組化四軸機身,可以在5分
鐘內就組裝完成,且不需要使用任何工具。在這款機身中,
只有幾個連接銷是唯一一種非3D列印而成的零件。

詳細資料:
◆ Emax 2300kV馬達
◆ 5×6碳纖維螺旋槳
◆ Emax 12A 電子調速器
◆ 1400mAh 3S電池
◆ CC3D、NAZE32或是APM迷你飛控板

製作方法:
goo.gl/nsgkq1

Flite Test迷你麻雀

Flite Test團隊研發的DIY四軸飛行器及定翼機自成一個包
羅萬象又強大的系列。這款小型定翼機是自製單馬達遙控
飛機的快速入門平價款,以風扣板為基礎的設計使得製作
原型的過程非常快速,可以直接當做無馬達滑翔機,完整
組裝後就成了輕巧的FPV競速機,機鼻上建置有相機。

詳細資料:
◆ 不含電池淨重:187g
◆ 翼展長度:723mm
◆ 2,300kV 1806馬達
◆ 5×3–6×3螺旋槳
◆ 12A電子調速器(最小值)
◆ 800 mAh 3S電池(最小值)

製作方法:
flitetest.com/articles/ft-sparrow-build

文：布蘭特・查普曼　譯：謝明珊

ANTI-DRONE
WI-FI HIJACKER

反無人機WI-FI攻擊者

無線通訊並不安全！用Raspberry Pi打造
可攻擊無人機的網路天線組

布蘭特・查普曼
Brent Chapman

查普曼是任職於美國陸軍的網路戰士，現被派
駐於矽谷的國防創新實驗室。當他脫下制服，
你可以在他的木工工作坊或地下室裡找到正在
敲敲打打的他。

**具有高品質影像傳輸功能的四軸飛行
器**，讓我們以平實的價格，從特殊的視角
記錄大小事。但這些被美國聯邦航空管理
局（FAA）稱之為「無人飛行載具」的飛行
器，不免也引發了許多安全和隱私的疑慮，
不少專家眼看無人機逐漸普及，無不呼籲審
慎評估後續效應。我們的生活將不知不覺受
到監控，企業（或駭客）準備利用盤旋的無
人機，蒐集我們行動裝置的資訊。

正因為如此，反無人機技術於焉而生。
這類裝置的大小不一，從桌上型到手持式

都有。我會教大家從網路攻擊四軸飛行器
的Wi-Fi控制系統。

為什麼是 802.11？

Wi-Fi是目前四軸飛行器的主要介面，
有的做為控制器和平板之間的操作介面，
利用平板呈現地圖和遙測資料。部份無
人機例如Parrot的Bebop和AR.Drone
2.0，則是完全透過Wi-Fi控制，這種系
統降低了無人機的進入門檻，用自己的裝
置即可進行控制，卻也引發弔詭的安全疑

Raul Arias

慮，因為這些裝置就可能面臨網路攻擊。現代無人機基本上就是飛行的電腦，無可避免傳統電腦所面臨的攻擊手法，AR. Drone 2.0的功能和感測器品質佳又不貴。看在平價的份上，我認為它最適合拿來做實驗和教學。

背後的原理

AR.Drone 2.0所建立的基地臺，使用者可透過智慧型手機連接，名稱設定為ardrone2_加上一連串隨機數字。這個基地臺開放給所有人，不做認證或加密，一旦使用者把無人機連接到基地臺，即可開啟應用程式進而控制無人機。這套流程為使用者大開方便之門，讓操控無人機變得更容易，卻也導致AR. Drone 2.0「駭」處多多，促使不少社群正試圖改機。

我們的測試

只要有筆記型電腦、USB行動網卡和新的天線，我們就能發動最簡單的攻擊。啟動AR. Drone 2.0，請朋友幫忙以應用程式操控，不到幾秒鐘基地臺就會顯示在無線網路選單。連接網路後，啟動你最喜歡的終端應用。這個網路的預設閘道位址會是 **192.168.1.1**。你以Telnet連線這個位址，這項服務開放給所有人，但這是幸運也是不幸。

Telnet是比較老舊的遠端連線協議，這時候你可以繼續玩下去，或者直接關閉，以免合法使用者發現事有蹊蹺。多虧了免費網路工具，你也可以從電腦輕易完成這些步驟。

現在介紹如何用Raspberry Pi、觸控式螢幕和Bash腳本，將這項攻擊行動進一步自動化。

我參考Adafruit所提供的教學資源（learn.adafruit.com/adafruit-pitft-28-inch-resistive-touchscreen-display-raspberry-pi），以觸控式螢幕設定Raspberry Pi，按個鍵即可發動攻擊。假設你已經設定好Raspberry Pi，現在要進入自動化階段。

首先是以SSH登錄Raspberry Pi（圖 A）。

把名錄轉到Raspberry Pi的桌面（隨你所好），腳本（script）會比較容易搜尋和選取，再發出額外的指令，把無人機-P（圖 B B）。

用你最喜歡的文件編輯器，建立一個新檔案。我命名為join_network.sh，讓Raspberry Pi自動加入AR. Drone 2.0的基地臺（圖 C）。

在腳本輸入8行程式碼（圖 D）。第7行輸入AR. Drone 2.0完整的基地臺名稱，輸入完畢務必存檔。

現在要自動化你測試過的連線，發送關閉無人機的指令，先建立另一個腳本，我稱為poweroff.sh（圖 E）。

把這些輸入你的腳本（圖 F），開始透過Telnet連線無人機，位址為 **192.168.1.1**，

```
[Ajax:~ brent$ ssh pi@192.168.2.205
[pi@192.168.2.205's password:

The programs included with the Debian GNU/Linux system are free software;
the exact distribution terms for each program are described in the
individual files in /usr/share/doc/*/copyright.

Debian GNU/Linux comes with ABSOLUTELY NO WARRANTY, to the extent
permitted by applicable law.
Last login: Wed Mar 16 02:37:40 2016 from 192.168.2.27
pi@pitft:~ $
```
A

```
[Ajax:~ brent$ ssh pi@192.168.2.205
[pi@192.168.2.205's password:

The programs included with the Debian GNU/Linux system are free software;
the exact distribution terms for each program are described in the
individual files in /usr/share/doc/*/copyright.

Debian GNU/Linux comes with ABSOLUTELY NO WARRANTY, to the extent
permitted by applicable law.
Last login: Wed Mar 16 02:37:40 2016 from 192.168.2.27
pi@pitft:~ $ cd Desktop/
pi@pitft:~/Desktop $
```

B

```
pi@pitft:~/Desktop $ nano join_network.sh                        C

#!/bin/bash
service network-manager stop
service networking stop
killall wpa_supplicant
killall dhclient                                                 D
ifconfig wlan1 down
iwconfig wlan1 essid ardrone2_
ifconfig wlan1 up

pi@pitft:~/Desktop $ nano poweroff.sh                            E

GNU nano 2.2.6                    File: poweroff.sh

#!/bin/bash
telnet 192.168.1.1 <<EOF
poweroff                                                         F
EOF

pi@pitft:~/Desktop $ ls -la
total 16
drwxr-xr-x  2 pi    pi    4096 Mar 16 02:54 .
drwxr-xr-x 18 pi    pi    4096 Mar 16 02:48 ..
-rwxr--r--  1 root  root   180 Mar 16 02:48 join_network.sh
-rw-r--r--  1 root  root    50 Mar 16 02:49 poweroff.sh
pi@pitft:~/Desktop $ sudo chmod u+x poweroff.sh
pi@pitft:~/Desktop $ ls -la
total 16
drwxr-xr-x  2 pi    pi    4096 Mar 16 02:54 .
drwxr-xr-x 18 pi    pi    4096 Mar 16 02:48 ..
-rwxr--r--  1 root  root   180 Mar 16 02:48 join_network.sh
-rwxr--r--  1 root  root    50 Mar 16 02:49 poweroff.sh
pi@pitft:~/Desktop $                                             G
```

攻擊無人機計劃，可自動搜尋Wi-Fi範圍內任何Parrot無人機，先切斷真正使用者的連線，再為攻擊者建立新的連線，以致原本的無人機形同受控的「殭屍」。

我們也在《MAKE》辦公室測試過各種仰賴Wi-Fi連線操作的無人機，無一不受到解除認證（deauth）和解離封包（disassociation）等攻擊，使用者跟基地臺之間被迫斷線，進而跟無人機失聯。

除了無人機以外

自己做的「天線」，用途其實相當廣泛。攻擊者藉由Raspberry Pi重新設定電腦程式，展開一連串的攻擊，舉凡破解咖啡廳熱點的身份認證。這有什麼用呢？這個嘛，試想一個情況，攻擊者建立偽基地臺，名為「品質更好的Wi-Fi」，專門用來蒐集機密資料，只要消費者滿意咖啡店的網路品質，就沒有理由加入攻擊者的假網路，但攻擊者可不是省油的燈，他會破解真熱點的身份認證，迫使使用者離線後，使用者就無法登錄原網路，只好連接惡意的（但看似可信的）熱點，其帳戶機密資料就會流出。

接著發送關閉的指令，要求無人機（畢竟無人機就是電腦）關機。

現在，請輸入檔名sudo chmod u+x來確認腳本有無執行障礙。兩個檔案都要進行，只要輸入ls-la尋找等待、讀寫和執行的許可，就可以確認這些檔案皆可執行（圖 **G** ）。

這兩個腳本都可以使用了。請確保測試期間無人機下面沒有人員或易碎物，玩得開心！

其他相關用途

這裡介紹的用途只是冰山一角，攻擊者能夠做的事情可多的，例如竄改或刪除系統檔案、攔截影片和感測資料、改變無人機的行駛路徑。駭客兼自造者薩米・卡卡爾（Samy Kamkar），負責RollJam和MagSpoof等安全專案，甚至發表一項

如何保護自己

第一步就是深知無人機的能力和侷限，以及養成良好的安全習慣。以Wi-Fi操控無人機有很多好處，但從安全的觀點出發，例如無線安全協議、加密和開放連接埠，就覺得有很多問題值得思考。至於更危險的應用，就需要更安全的指揮控制，隨時都要徵求許可！且進行安全的修改！

Mike Senese

文：布蘭特・查普曼　譯：謝明珊

BUILD A CANTENNA
自己做天線
用鐵罐打造可加強無線訊號的指向性天線

在無線的世界裡，連線才是王道。好天線會加強你的訊號，大幅擴充你的連線範圍。自己做天線花不到一小時，即可連接遙遠的無線熱點，或著跟其他無線裝置互動。

1. 計算

這項專題最困難的地方，就是計算出安裝無線電連接器的位置，以及電線最適長度以便實現最佳的效能，所幸網路上有豐富的資源，能夠幫助你化解數學問題，例如csgnetwork.com/antennawncalc.html。圖 Ⓐ 能幫助你了解如何計算出來。

罐子直徑大約100mm，N型連接器必須安裝在距離罐子底部44mm的地方。我們偏好 4GHz band的頻率，銅線總高度約為31mm。

2. 測量並標示

從罐子底部測量44mm，為N型連接器標示好位置（圖 Ⓑ ，我從餅乾桶的頂部開始測量，它剛好有一個蓋子，我當成天線的背面）。

3. 鑽洞

在做好的記號鑽洞，大小剛好能夠放置N型連接器，不妨先採用小鑽頭，直到洞口夠大。鑽好洞用砂紙打磨，以免毀損N型連接器。

試放連接器，做好4個安裝孔的記號（圖 Ⓒ ），鑽孔完畢放入安裝用的螺絲，或直接用焊接的方式安裝。

4. 把電線焊接到 N 型連接器

你必須在安裝前準備好連接器，備妥一條4"銅線，愈直愈好，剝除外圍的保護層。

現在要焊接連接器比較短的銅線，這有點困難，我通常會用手固定再來焊接（圖 Ⓓ ）。

銅線焊到連接器之後，再來測試一次，接著把銅線裁成步驟一所計算的距離，我

是採用31mm。

5. 安裝連接器

如果不用焊接的方式，那就從罐子外面鎖緊螺絲，如有必要可挖開罐子底部方便操作，事後再恢復原狀，現在新天線就大功告成了（圖 Ⓔ ）。

6. 連接無線網卡，開始享受吧！

以連接線串連網卡和連接器，天線就可以使用了（圖 Ⓕ ）。

7. 延伸應用

你也可以噴上保護漆、加上手把、或安裝在三腳架上。 ✦

材料
» 金屬罐，直徑 3¼"–4"，可從其中一端打開。直徑 3½" 是最理想的，我使用直徑 3.875" 餅乾罐也能順利運作。
» RF 底盤安裝連接器，N 型母轉接頭 Amazon #B009PL6BD0
» 纜線，N 型公接頭轉 RP-SMA 公接頭以連接無線網路卡。Amazon #B003U6825G
» 銅線，線徑值 12-15，長 4"
» 螺絲和配對的螺帽 (4)，將 N 型連接器固定在金屬罐上。

工具
» 焊鐵和剪線鉗
» 電鑽
» 開罐器
» 砂紙，粒度 320–400
» 焊接輔助夾座（非必要）
» 外接無線網路卡，如 Alfa AWUS036NHA USB 傳輸器

◆ 時間：1小時
◆ 成本：10～20美元

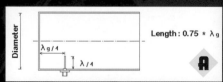

Ⓐ

Ⓑ　Ⓒ

Ⓓ

Ⓔ

Ⓕ

Hep Svadja, Brent Chapman

Skill Builder

專家與業餘愛好者都適用的提示與技巧

伺服機101

練習用簡易馬達讓東西動起來

文：艾蜜莉・寇克　譯：謝明珊

艾蜜莉・寇克
Emily Coker
曾任Make:Labs專員，
多才多藝，
喜愛畫漫畫和看漫畫，
做菜頗有瘋狂科學家的風範。

伺服機廣泛應用於各種物品上，從玩具、無人機到DVD播放機等家庭用品都可以見到其蹤影。伺服機分成很多種（ 1 、 2 、 3 最普遍）；除非懂得辨別這些差異，否則無法為自己的專題挑選適合的伺服機。

簡單來說，伺服機是獨立電子馬達，可驅動或旋轉機器零件到所定義的特定位置或方向。伺服機收到指令後，會旋轉到定位並藉由阻力停留在該處。伺服機不是採用旋轉致動器就是採用線性致動器，透過加速和減速來控制角度和線性位置。伺服機的工作電壓通常介於4.5V～6V之間，電流會在電源、接地與控制線之間流動。

DC伺服機在低扭矩下可達到高轉速（RPM）。內部的齒輪則會把輸出轉為高扭矩低轉速。這能使其瞬間產生巨大的力道，正好完美說明了基本物理法則：

功=力×距離。

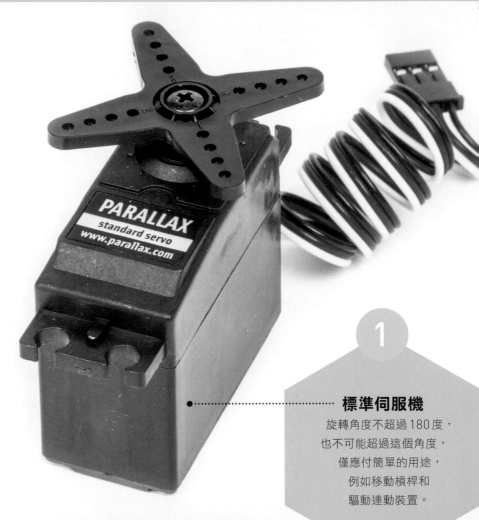

1

標準伺服機

旋轉角度不超過180度，也不可能超過這個角度，僅應付簡單的用途，例如移動槓桿和驅動連動裝置。

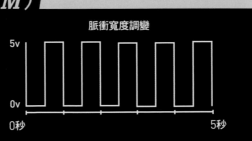

伺服機和脈衝寬度調變（PWM）

伺服機內有小型電路板和感測器，由感測器將旋轉角度傳送至R/C控制器、電腦或微控制器。所產生的資訊還會轉換為具可變能量的微量電脈衝。操作這股能量就稱為「脈衝寬度調變」（PWM，Pulse Width Modulation），可用來進行馬達位置控制。

脈衝寬度調變

5v

0v

0秒　　　　　　　　　　5秒

伺服機的用途如此多，主要是內部零件的功勞。標準外殼和可替換托架（圖Ⓐ）簡化馬達設計，滿足各種用途。小型DC馬達（圖Ⓑ）不佔空間，以免伺服機的體積太大。控制板（圖Ⓒ）專門監控馬達位置，並提供使用者介面與控制工具。減速齒輪組（圖Ⓓ）可支援高精準度的馬達校正或高扭矩。

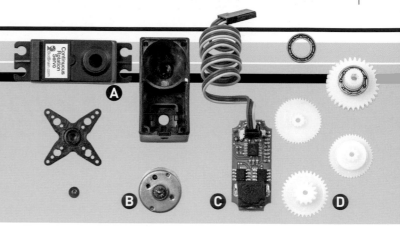

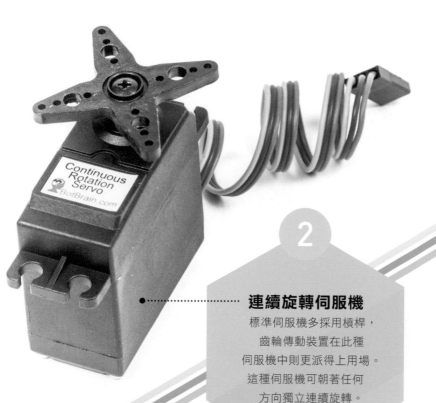

3

線性伺服機

這和標準伺服機差不多，只是有比較多傳動裝置，以齒條和齒輪機構的往復運動取代旋轉來改變輸出。這種伺服機很少見，但大型模型飛機和機器人可能會用到。

2

連續旋轉伺服機

標準伺服機多採用槓桿，齒輪傳動裝置在此種伺服機中則更派得上用場。這種伺服機可朝著任何方向獨立連續旋轉。

類比伺服機 VS. 數位伺服機

類比伺服機和數位伺服機看起來一模一樣，差別只在於傳遞和處理資訊的方式。

類比伺服機是透過PWM方式提供開關的電壓訊號來運作。類比伺服機靜止時，PWM基本上也是關閉的，除非有動作輸出。靜止模式之下產生扭矩，會拉長原本的反應時間，不利於高階R/C用途。

數位伺服機使用小型微處理器在高頻率電壓脈衝下接收及引導動作。數位伺服機每秒傳輸300個脈衝，相形之下類比伺服機僅50個脈衝。如此快速的脈衝讓扭矩保持穩定，反應時間也會更快速而順暢。這是它的優點，但數位伺服機須消耗更多電力。

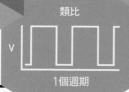

類比

V

1個週期

數位

V

1個週期

濕磨砂拋光

除去刮痕，讓你的專題閃閃發亮

文：喬登‧邦可　譯：呂紹柔

如果你想要一層光滑亮麗的完工表面，你會需要用到濕磨砂。通常濕磨砂會用於汽車噴漆、吉他，以及3D列印等，讓他們能有如鏡面般的外表。

一般來說，磨砂完後會進行濕磨砂，讓表面平順。和磨砂不同的是，濕磨砂不是要把表面磨出一個形狀，而是去除磨砂所留下個大型刮痕。如果操作正確的話，表面會漸漸平整，磨砂留下的刮痕會愈來愈小，直到無法反射光線為止。

喬登‧邦可
Jordan Bunker
邦可是紐西蘭奧克蘭科技公司Next Thing Co的工場經理。當他不在外頭與陽光奮鬥時，你可以在他位於奧克蘭的地下工作室裡找到他。

1

濕磨砂濕的部分是指用水或是其他液體當做潤滑劑，把磨砂留下的顆粒移除。如果沒有液體，砂紙上會有殘留顆粒，會留下比砂紙係數還大的刮痕，毀了你的成品。一般來說，對多數媒材來說最好的液體是混一些清潔劑的水（洗碗精效果不錯）。清潔劑可以降低水的表面張力，有助於浸濕砂紙和媒材，減低磨損。如果你是磨砂裸金屬，可以用WD-40取代水當做潤滑劑。

2

並不是每一種砂紙都適合濕磨砂，所以要確定你用的砂紙有特別標明可以濕磨砂。3M的Wetordry是標準的類型，可以在你家附近的五金行找到。可以把砂紙摺起來，讓你握起來的紙較厚，不過更好的做法是用砂紙包住一個襯墊。你也可以買磨砂海綿，海面上就附有磨砂料，可以讓磨砂的表面和媒材的表面吻合。

3

為了要讓砂紙徹底濕透，許多人會建議把砂紙浸泡整晚，這樣可以確保砂紙不會在摩砂的過程吸收水分。如果你沒有時間讓砂紙浸泡整晚，至少在磨砂前浸泡15分鐘。

小技巧

有位睿智的Maker曾經跟我說，磨砂的關鍵在於忘記「磨砂」，不要失去耐心！磨砂可能很無聊，但是細心磨完非常地重要。轉到你最喜歡的電視節目，或是聽你最喜歡的音樂，好好的磨砂吧。

什麼是「係數」？

砂紙的係數是指紙張表面的摩擦顆粒大小，係數愈高，顆粒愈小，磨出來的表面刮痕愈細緻。

濕磨砂一開始所用的係數會跟前一個步驟讓物體成形的磨砂係數，以及物體表面的光滑程度有關係。如果你磨砂使用的是600係數的砂紙，濕磨砂一開始得用800至1200。一般來說，濕磨砂一開始都是用600至1200的係數，然後按照磨砂的方式提高係數進行，每次提高200至500係數（看你想要多細緻）。濕磨砂的係數可以買到3000，但是大部分的人用到1500到2000係數就覺得差不多了。

磨砂與濕磨砂最大的差別在於磨砂的動作，磨砂要用畫小圓的方式，而濕磨砂則是直線條，改變來回的方向。如此一來，每一個接續的線條便能抹去前一條留下的刮痕。請記得要輕，我們要的並不是把媒材刮去一大片，而是把刮痕去除就好！

3000

800 1200

500 600

220

Get Your Freq On
跟著音樂動起來

文：查理·特納　譯：孟令函

利用LED改造僅要價10美元的IKEA邊桌，
讓音樂視覺桌跟著你的音樂動起來！

查理·特納
Charlie Turner
35歲，現在是兩個孩子的爸，在IT產業工作，對於在自己的車庫自造各種機器人、家具、電子產品有莫大興趣。他現在正在著手製作實際尺寸的R2-D2機器人，不過他老婆就不太高興了！

時間：
一個周末
成本：
80~100美元

材料

» **RIKEA Lack 邊桌**，21"×21"，
貨號 #200.114.13，在 ikea.
com 可以約 10 美元購得。
» **Arduino Uno 微控制板**，尺寸較
小，與 Arduino 相容的控制板可
能也可以使用。
» **Adafruit 雙色 LED 矩陣（附
I2C 控制背板）**，可在 adafruit.
com 上購得：Adafruit
Industries #902。
» **駐極體麥克風（附放大器）**，
Adafruit #1063
» **LED：紅色（64）、綠色（64）**，
紅色加上綠色的燈光可以產生出第
三種顏色，琥珀色。
» **半透明或磨砂壓克力板**，16"×16"
也叫塑膠玻璃、有機玻璃。
在 TAP Plastics 或 eStreet
Plastics 可以 15 美元購得，五金
行應該也買得到。
» **硬紙板或厚紙板**，用來製作桌面的
格子。
» **白紙或是白漆**，用來蓋住紙板的顏
色。
» **USB 連接線**
» **連接線：黑色、紅色、綠色**
» **公對公跳線**
» **麵包板**
» **蠟紙（非必要）**

工具

» **電鑽**
» **手鋸**
» **有切割輪的旋轉工具（非必要）**，
如 Dremel
» **大把的尺**
» **剝線鉗** 可自動調整的款式能讓你
事半功倍！
» **烙鐵**
» **美工刀**
» **熱熔膠槍**
» **安裝好 Arduino IDE 軟體
的電腦**，可上 arduino.cc/
downloads 免費下載。
» **萬用電表（非必要）**，偵測問題所
在時很好用。

備註：我們不會用到
ADAFRUIT I2C 板上的雙色
小 LED，但它們好像無法分
開購買，好處是它已經將 I2C
解碼了，所以我覺得 16 美元
的價錢還是很划算。你也可以
選擇用幾個 MAX7219 晶片來
操作，不過就要多花一點力氣
配線，並重新編寫程式。

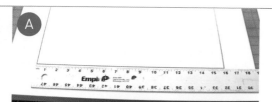

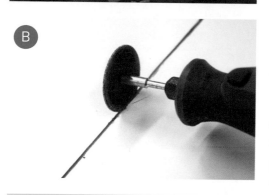

訣竅：首先在你畫出的方形內的其中一角鑽一
個洞，或是用 DREMEL 旋轉工具在你設定的方框邊
緣預先切割，接著用小手鋸、美工刀或是 DREMEL
小心地將整個正方形切下來。

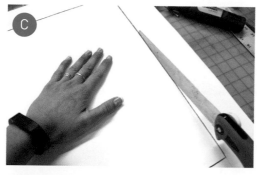

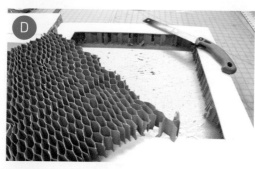

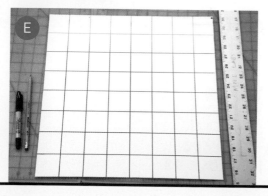

我從IKEA買了張桌子，然後在裡面安裝了
LED、電子元件、麥克風，這樣我就可以把這張
桌子放在音響旁邊，讓桌面上的LED隨著音樂
起舞了。這張音樂視覺桌在開派對時很好用，大
家一看到這張桌子，馬上就有現成的好話題可聊
了。Arduino就是這張桌子的核心裝置，就像它
的大腦一樣，而且整個裝置只需要很小的電流，
所以你可以直接把它插在iPad充電器或USB槽
上使用，非常方便。

插上電源，看著每個小格子裡的LED隨著低、
中、高不同音域的節奏起舞，就像個大型圖示
等化器或頻譜分析儀。我以小型Adafruit音樂
視覺畫專題為基礎（詳見learn.adafruit.com/
piccolo），並使用他們的I2C多工控制板搭配
小型8×8雙色LED矩陣。Arduino程式碼來自
上述的專題，電路配置也是參考該出處——我的
貢獻就只有那組大型手工LED矩陣，以及將它放
進IKEA邊桌裡！

我先幫大家排除了一些小問題——在操作過程
中，我發現如果你照著Adafruit的方法連接電
路，將麥克風跟顯示器共同接地，呈現出來的效
果會有點不穩定。不過如果你照以下我説的方式
在Aduino板上分開接地，就沒問題了。我也發
現使用中國製的Arduino Nano複製板會使程式
跑得不太順暢，改用一般大小的Uno就可以解決
這個問題。

自造音樂視覺桌
1.切割桌面

首先準備好IKEA的Lack邊桌，一張只要
10美元左右。白色的款式正好在特價，所以
我就買了白色款。先在桌面的中間畫一個正
方形（圖 **A**），我畫的正方形是16"×16"
（40cm×40cm）的大小，可以放進我的8×8
LED矩陣並留下2"（5cm）的矩形空間。

仔細的切下桌面的正方形，先將切下的桌板放
到一邊。（圖 **B**、**C**）

移除桌子裡面16"×16"大小的蜂巢狀紙板
（圖 **D**）。這樣就有大約11¹/₁₆"的空間可以放
入電子元件了。

2.裝上LED

剛剛切下的白色桌板接著要用來安裝LED。首
先，將桌板上的8×8大方格平均分割，用奇異
筆畫出64個2"的小方格（圖 **E**）。接著在每個
小格做好配置兩顆LED的記號並鑽孔，一顆是綠
色，一顆是紅色。兩個孔不要離得太遠，這樣兩
顆LED同時亮起時，才會結合成漂亮的琥珀色。

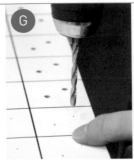

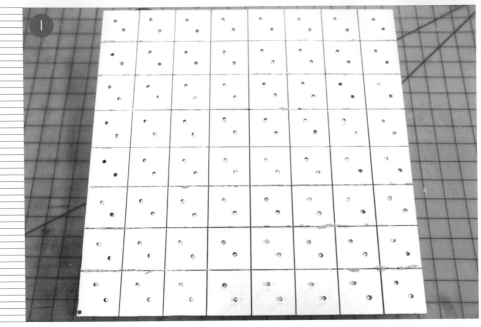

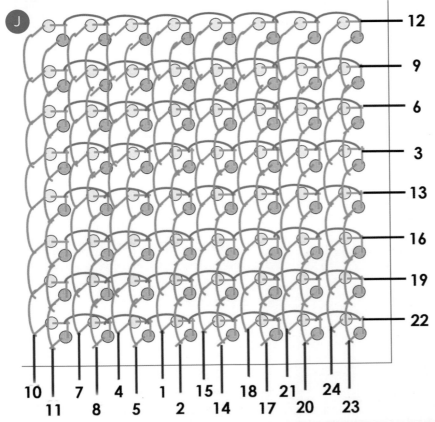

如果你想加快標記、鑽孔的速度,可以先用厚紙板做一個標記位置的方形模板,只要照著模板標記位置就好。我將綠色LED的位置安排在左上,紅色則是在右下(圖F、G)。

接著將LED放進小孔裡,64顆紅色、64顆綠色,通通從紙板背面放進孔中,讓LED突出於白色紙板上(圖H、I)。這時你可以幫所有就定位的LED照相,好好為自己完成的步驟驕傲一下。

3.LED矩陣配線

如圖所示,其實這邊我們做的只是共陰極LED矩陣的放大版(圖J)。右邊的數字標示出在Adafruit LED控制板上你該連接的腳位。

首先,替很多很多電線剝線,這也是為什麼我會建議大家買支不錯的剝線鉗,我就是買了不錯的剝線鉗才能事半功倍!在你覺得剝線的數量差不多的時候,再多做幾條,你需要56條黑色電線、56條紅色電線、56條綠色電線,而且全都要先剝好線。每條剝好線的電線約為3"(7~8cm)長(圖K),不過確切長度還是要根據你矩陣裡的方格大小來決定,所以在剝線前記得確定長度。

接著,為了讓我的手在焊接時可以空出來,我先將電線扭轉連接在一起,從頭到尾計算一下,總共要接7個接點,這樣之後我就可以直接焊接它們,不用同時手握好幾條電線了(圖L)。

接著將整個LED板背面的接腳彎折,讓它們的陰極相觸,陽極則分開。用黑色的電線將所有的陰極都焊接在一起(圖M),記得按照配線圖操作。

用紅色的電線將所有紅色LED的陽極焊接在一起,接著用綠色的電線將所有綠色LED的陽極焊接在一起(圖N)。最後將每排最後一格共24組的電線剝好並焊接在一起。這些電線會外接到其他電子元件上(Adafruit板、麵包板、Arduino),所以這些電線的長度並不固定。將其他電子元件安排在LED面板的底部會最簡單(也

> **訣竅:** 你也可以在所有陽極接腳都使用紅色電線,不過我們覺得用紅色、綠色電線來區分連接點會讓後續的步驟更容易了解。
> ——程美珍,MAKE: LABS

就是桌子比較靠近你的那一側），不過你也可以自由選擇要放哪裡，只要確保這些外接的電線夠長就好。

4.連接電子元件

將你剛製作好的LED矩陣連接到Adafruit雙色LED背板上，依照剛才你參照過的LED接線圖上的電線編號（圖 J），將24條外接的電線直接焊接到電路板的上部。如圖O所示，Adafruit雙色LED控制板上的腳位編號是順時針排列，右上角是1，然後依順時針方向，24號是在左上角。

接著將麥克風及LED控制背板插上你的麵包板，並使用跳線依照圖 P 、 Q 連接Arduino。

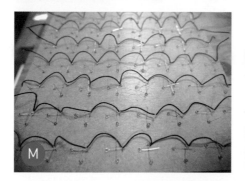

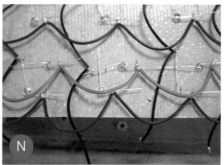

訣竅： 我主要還是使用 ADAFRUIT 提供的電路圖，不過做了一點更動：將麥克風的地線跟 LED 矩陣接到不同的 GND 腳位上。我發現如果我讓兩者使用相同的 GND 腳位，麥克風的輸出會變差，整個視覺效果也會變得很不穩定，無法對應音樂舞動。但如果你使用 ARDUINO UNO 上兩個不同的 GND 腳位連接，一切就沒問題了。

5.編寫Arduino

從github.com/adafruit/Adafruit_LED_Backpack網站下載dafruit_LED_Backpack library，並將其放入你的Arduino/Libraries 資料匣。從github.com/adafruit/piccolo下載整個專題的程式碼，然後將ffft資料匣也放進你的libraries資料匣。

在你的電腦上使用Arduino IDE軟體開啟Piccolo.pde sketch，然後將其上傳至你的Arduino控制板。現在你可以播些音樂，測試你的LED矩陣以及整個電路有無問題（圖 R ），如果沒問題，你應該可以看到格子裡的LED隨著音樂舞動！

6.打造小方格

首先切出18條大約15½"長、1"寬的硬紙板，這些紙板的寬度取決於桌面的深度，所以在裁切前可以先試著把你的LED矩陣和其他電子元件都放進桌面裡，再決定你要裁切的紙板寬度。

在其中14條紙板上，每2"用鋸子鋸出一個不截斷的切口，深度大約是整個紙條寬度的一半（如下頁圖 S ）。

為了讓紙板的反光效果更佳，我用了一

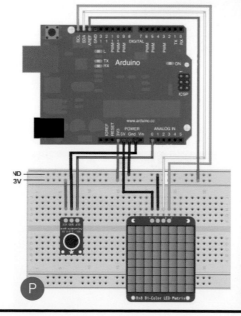

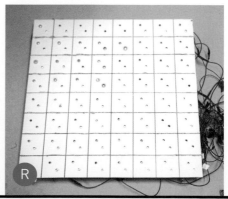

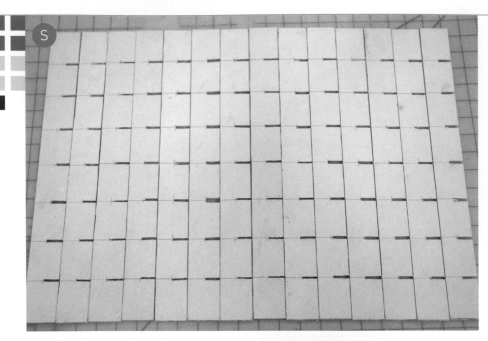

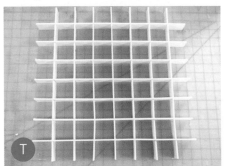

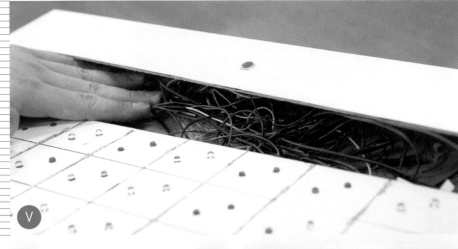

些在車庫找到的白色層板,然後用白膠將會反光的相片紙貼到紙板的背面,等白膠乾了之後用美工刀依尺寸切下(直接把所有東西漆成白色可能會更簡單一點)。

最後用熱熔膠將這些紙板黏接在一起,製作出一個個的小方格(圖 T)。

7.完成音樂桌

找一塊跟你的LED矩陣同樣大小的壓克力板(又叫塑膠玻璃、有機玻璃),我將磨砂玻璃膜貼在壓克力板上,不過如果你能直接找到半透明或磨砂壓克力板就可以省下這層功夫了。為了增加光線發散的效果,我還用了一些烘焙用的蠟紙。

在桌子的底部鑽出一個小洞,讓USB連接線可以穿過(圖 U)。接著從旁邊的蜂巢狀紙板挖出一個小空間,將所有電子元件都放置好(圖 V)。你可以選擇將麥克風放在內部,或是讓它突出於桌面,任何位置都可以。當一切配置都符合你的期待,就可以把紙板小方格放上你的LED矩陣,並擠上一些熱熔膠進行黏接(圖 W)。

最後,將壓克力板黏到適當的位置。我用的是熱熔膠槍,擠了薄薄一層的熱熔膠在壓克力板與桌面之間(圖 X)。雖然不是非常堅固,但是至少它可以讓一切都維持在正確位置。

這樣你的音樂視覺桌就完成囉(圖 Y)!

運作原理

» 聲音的頻譜分析與圖示化

這個專題裡所使用的麥克風有內建運算放大器,可以提供放大後仍清晰優質的聲音訊號。Arduino程式在Analog 0號腳位以每秒9,600次的頻率(9.6kHz)讀取麥克風的聲音並進行一種叫做快速傅立葉轉換(FFT,Fast Fourier Transform)的演算法,將原本的音訊轉換為頻譜。另外會再進行演算,將這段頻譜分開為8條頻率帶,並分析每條頻率帶的聲音強度位準。

接著8個不同位準的頻率帶會以1～8個像素高度的圖像化方式呈現,低音是綠色,中音黃色,高音則是紅色。這些像素會在幾秒間變換無數次,並將訊息傳送到LED矩陣上。有時候還可以看到像素攀升到最頂端,轉瞬間馬上跌落的畫面(我們超愛這種效果!)。如果麥克風沒有收到足夠的聲音來呈現出很酷的LED效果,試著把音樂視覺桌放到收音更好的位置（或是乾脆把音樂轉大聲一點！）

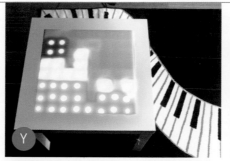

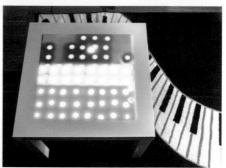

» LED多工處理

Adafruit的雙色8×8LED控制背板原本是設計用來驅動他們的多色2英寸8×8像素矩陣（圖 Z ），這個矩陣裡有64顆紅色、64顆綠色LED，以8×16的矩陣來呈現、控制共128顆LED（每個像素裡有兩個LED）。在我們的音樂視覺桌專題裡，只是將LED矩陣改成比較大的尺寸而已。

跟大部分的LED視覺裝置一樣，我們也使用了「多工」的方式來節省配線的功夫。捨棄了將每顆LED各自與微控制器連接（總共得要129條線！）的方法，將LED連接於一排排的小方格中，最後只需要24條電線就能控制整組燈。當微控制器讓電壓通過正確的行列時，LED就會各自亮起，有效率多了！

» I2C通訊

雖然上述的方法將電線的數量下降到24條，但還是超過了Arduino板可以分出的接腳數量。Adafruit的多工板解決了這個問題，使用專用的LED控制晶片來驅動所有LED。Arduino只須使用雙訊號線I2C串列通訊介面來將資料寫入晶片就可以了，這是一個可讓晶片互相溝通的通用協定。Arduino Uno可透過SCL（I2C時邁訊號）與SDA（I2C數據）腳位來跟I2C裝置通訊，如圖 AA 所示。如果你手邊的是舊款的Arduino板，只要使用類比腳位5和4即可。使用以上方法就可以簡單的以2個腳位控制128顆LED了。

Adafruit寫了一個基本的Arduino函式庫來控制LED多工板。它可適用於任何相容於I2C的微控制器——快看看你的微控制器是用哪個腳位進行I2C通訊吧。

更進一步

只要安裝Adafruit的**GFX Arduino library**（learn.adafruit.com/adafruit-gfx-graphics-library），就可以做出你專屬的客製化音樂視覺效果。

在我著手進行這項專題前，我很想做個俄羅斯方塊桌，你覺得該怎麼做呢？◗

Adafruit

觀賞音樂視覺桌的影片、分享你的想法，請上makezine.com/go/music-visualizer-table。

更多視覺互動裝置
都在 makezine.com/projects

閃亮裙擺
讓身上的衣物隨著你的動作閃閃發亮！這個專題要用到的是縫紉技巧（不是焊接技巧喔！）、12色變色NeoPixels以及Flora accelerometer/compass模組。專題出自我們的書籍《Adafruit Flora入門指南（暫譯）》（Getting Started with Adafruit Flora）。
makezine.com/projects/spar-kle-skirt-using-adafruit-flora

發光球鞋
用全彩LED以及力感測器將發光運動鞋提升到另一個境界。力感測器與LED的結合可以讓燈光效果隨著你的每一次踏腳、跳躍以及舞步閃動。
makezine.com/projects/luminous-lowtops

世界版圖
小小的盒子裡裝設了許多開關與LED，讓你家胸懷大志的小朋友點亮世界上的各大都市，自己決定哪裡是戰區，哪裡是基地，此外還可以加上聲音效果、李麥克霹靂燈以及「全球紅色警戒」模式！
makezine.com/projects/make-32/world-control-panel

文、攝影、繪圖：查爾斯·普拉特　譯：呂紹柔

Custom Catwalk

特製貓咪伸展舞臺
看不見支撐的神奇漂浮架臺

時間：
2～3小時
成本：
15～25美元

材料
» 松木板，1×6 或 1×8 長度可自行選擇
» 鋼條，直徑 ¼"，長 6" 木板長每 16" 一支，McMaster-Carr #8927K18，mcmaster.com
» 油漆或環氧樹脂塗料
» 地毯布（非必要），讓貓咪可以磨爪子

工具
» 電鑽和特長 ¼" 鑽頭如 Sears #00966060000P
» 三角板
» 槌子
» 樑柱探測器
» 鉗子
» 地毯針
» 刷子或滾筒用來漆油漆或環氧樹脂塗料
» 修邊器（非必要），用來修飾架子的邊緣

我家的貓咪很愛爬上爬下，所以我決定要在客廳為他們打造一個架臺。由於一隻貓咪的重量比一疊書還要輕許多，不需要重量級打造，因此我決定設計一個簡單又高雅的漂浮架臺。如果你沒有養貓，也可以用這個架臺來擺放裝飾和相框。

圖 是架子的概念圖，鋼條有一部分位於牆壁中的木樑內。架子靠牆的那側鑽洞，讓鋼條插入。整個工程都不需要支撐架。

打造漂浮架臺

我在 McMaster-Carr 網站上找到已裁好的直徑 ¼"、6" 長鋼條，一根售價 1 美元。為了讓鋼條能順利地插入架臺的洞裡，我用砂輪把鋼條削成斜角，但這個步驟非必要。

我在牆面上畫出一條水平的線，然後用樑柱探測器沿著線感應。為了確保探測結果正確，我用從鉗子固定一根地毯針，把針稍微穿過石膏板，直到找出每一根樑柱邊緣的正確位置。接著，我用特長鑽頭在樑柱的中間鑽出約 3" 深的洞。長鑽頭能讓你較容易鑽出剛好 90° 的角度，因為我可以在鑽頭旁邊擺三角板。

我將鋼條紮實地敲進洞裡，然後把 1×8 的松木板放在鋼條上，在木頭的底部標出每根鋼條的所在位置。接下來的步驟比較困難，你必須在精確的位置上鑽洞。三角板絕對是必要的。

用修邊器把木板的尖端修整好後，漆上油漆或環氧樹脂塗料，接著在上方鋪上地毯並固定。接下來的步驟讓我稍微有些焦慮。木板的洞可以和鋼條準確接合嗎？這裡有一個小方法，在靠近牆面時，請稍微調整木板子的角度，把鋼棒一個接著一個插入（圖 **B**）。最後使用槌子敲打，讓鋼棒跟木板之間以摩擦力固定。

懸掛半空中

我的貓咪們很喜歡這些在空中的棲地（你可以在圖 **C** 看到我的其中一隻貓，等著其他部分完工），來訪的客人也都覺得漂浮的架臺讓人驚艷，也會猜想架臺是如何支撐的。請注意：這個方法沒有辦法承受較大重量，也不適合寬度超過 8" 的木板。⊙

查爾斯·普拉特
Charles Platt
著有適合所有年齡層學習的《MAKE：圖解電子實驗專題製作》。續集為《圖解電子實驗進階篇》（中文版由馥林文化出版）。makershed.com/platt

A　→ 石膏板
→ 架臺
鋼條
牆壁內的木樑

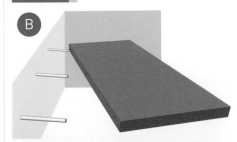

更多可愛的貓咪照片，以及分享你打造架臺的方法，請上 makezine.com/go/floating-shelf。

1+2+3 律動之骨

文：菲爾‧鮑伊 ■圖：安德魯‧J‧尼爾森 ■譯：張婉秦

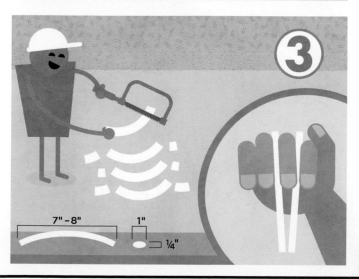

骨頭也許是最早以手工製作的樂器了，其演奏技巧淵遠流長，從埃及、羅馬、英格蘭和愛爾蘭，一直到19世紀美國歌舞表演與街頭藝人秀，骨製樂器仍像許多鄉村音樂會用到的響板一樣持續響亮著，包括散拍音樂、藍草音樂，以及柴迪科舞曲等流派都會用到。自己製作這種樂器（傳統上每隻手會有一對），同時享受這場心靈盛宴吧！

1. 烹煮

請到附近的超級市場採買「牛肋條」（不是豬也不是羊）。這個部位取自牛腹肋骨較瘦、遠離脊骨的部分。你需要四條長7"～8"的牛肋條，橫切面厚約¼"、寬約1"。也許肉舖老闆會覺得你超級挑剔，但請忽略他的怒視與差勁的態度。接著，請依照你奶奶的食譜料理牛肋條，不要挑食不吃旁邊的配菜。

2. 清潔

你可以把吃剩的肋條交給家裡的狗狗清潔（吉娃娃約需花費2～3小時；德國狼犬大概只要一個半小時；一隻飢餓的比特犬也許20秒就可以解決），接著在太陽下曬一至兩個禮拜消毒，或是用沸水煮到殘料可以輕易地被清除為止，然後放在150°F的烤箱烘烤超過一個小時來使骨頭乾燥。

3. 切割

骨頭冷卻後，請裁切至適當的長度，然後用銼刀或砂紙磨平邊緣。將你名字的縮寫刻在骨頭的一端。

拿骨頭來奏樂吧！ 拿著你做的骨頭，到YouTube搜尋教學影片：唐‧弗雷明（Dom Flemons）（初級班）、詹姆斯‧吉澤（James Yoshizawa）（專家教學）以及大衛‧霍爾特（David Holt）（歌曲與故事）。演奏完後，好好享受大家的掌聲吧！

菲爾‧鮑伊
Phil Bowie

鮑伊一直從事自由雜誌作家的工作。他最新的第四本懸疑小說已在Amazon販售。個人網站philbowie.com。

時間：
一個周末
成本：
5～10美元

材料

» 牛肋條，約 8"×1" ×¼" (4) 或是相似尺寸的木材
» 鋸子
» 銼刀或砂紙
» 刀子

Phil Bowie

想要製作木製骨頭？可在makezine.com/go/123-rhythm-bones得到更多資訊。

7" - 8" 1" ¼"

文：布萊恩・邦內爾　譯：張婉秦

Tot-Sized Tank
兒童尺寸坦克

讓家中孩子駕駛這臺堪稱無人能擋的履帶車輛征服任何地形

布萊恩．邦內爾 Brian Bunnell

一位受過專業教育的機械工程師，但骨子裡有著工匠之魂。他從克萊姆森大學獲得工程學位，一直從事機械設計。

時間：
很多（但是值得）
成本：
500～1,000美元

以往老爸跟我會在佛羅里達家那個能停兩輛車的車庫中打造東西，我們的鄰居總是會關注下一個「邦內爾專題」。當我們展示新作品時，很少沒有觀眾。四歲的時候，老爸為我打造一臺火車，是真的可以坐上去並且駕駛，這是我們那區最酷的東西了！火車有著垃圾桶做的鍋爐，PVC管打造的煙囪跟汽缸，以及合板輪胎，並用擋風玻璃雨刷的馬達跟摩托車電池來發動。火車可以在PVC管做成的軌道上運行，而且還有一個平臺貨車可以在後面拉著朋友。

對於這臺火車我有很多美好的回憶，所以想要為我的兒子打造類似大小的東西。一開始，我計劃打造另一臺火車，但是後來決定要打造不一樣，可是同樣令人難忘的東西。

我一直認為，有臺坦克車一定很好玩，而且心裡還盤算如何用一個馬達分別驅動兩個履帶。我先從履帶開始，並沒有真的打算做太多——只是個實驗，利用容易取得且比較平價的材料跟零件，看能不能打造一個簡單的履帶跟傳動組件。當履帶順利完工後，傳動組件、車架與車身逐漸發展成一個更具體的概念，這臺坦克車就此誕生！

這個專題相當繁複，但可以分割成幾個簡單的執行步驟。

材料

» T 型結構鋁擠型材料
» 輸送帶導軌，高性能聚乙烯（UHMWPE）材質與不鏽鋼底槽
» 平頂輸送鏈，104 個鏈條，Intralox 880T-K325
» 2×4 及 2×2 木板
» 滾珠軸承，單列，有防塵蓋（8）
» 聚碳酸酯板，厚 ½"，又稱 Lexan
» 鋁合金圓柱，直徑 3"，6061-T6 等級
» 鋼棒，直徑 ½"，不鏽鋼或軟鋼
» 皮帶輪，內徑 ½"：外徑 4.45"（3）、外徑 2.05"（2），以及外徑 1.75"（1）McMaster-Carr #6204K282、#6204K121，以及 #6245K120
» 皮帶輪，內徑 "，外徑 2.5" McMaster # 6204K137
» 傳動皮帶，½" 三角皮帶（4）
» 六角螺絲，多種規格，附有墊圈、鎖緊墊圈，以及六角螺帽
» 方型螺帽
» 防鬆螺帽
» 止付螺絲，¼-20
» 合板，"
» 甲板螺絲與木螺絲
» 金屬導管，½" EMT 管
» 止付螺絲導管接頭
» 角鋁，2"×2"，¼" 厚
» 鋁條，½"×1"
» 羊眼螺絲（4）
» 雙牙螺絲（2）
» 聚甲醛樹脂棒材，直徑 1"
» 芳綸繩（防火繩），直徑 ³/₁₆".
» 繩索滑輪，旋轉頭，外徑 ¾"（2）
» 穿孔鋼帶
» 電纜鋼索夾
» 金屬網，¼"×¼"
» 電動代步車電池，12V 密封鉛酸（2）
» 電動馬達，24V
» 開關箱
» 3 段開關（1）與搖頭開關（1）
» DC 轉換器，24V 到 12V
» 電磁閥，12V
» 充電插座

工具

» 軍刀鋸，附金屬切割片
» 電鑽，有麻花鑽、埋頭鑽，以及福氏鑽頭
» 虎鉗
» 丙烷噴燈
» 雕刻機，附直刃刀頭
» 切斷機
» 電動砂磨機
» 橡膠錘
» 帶鋸機
» 金屬車床（非必要）
» 螺絲攻：¼-20 以及 -16
» 手提砂輪機或研磨機
» 六角扳手
» 彎管器
» 切管器
» 釘槍

雙履帶解剖學

　　「坦克履帶」或是「履帶式」傳動是有兩個獨立的連續式軌道／履帶，想要前進就必須以相同的速度行駛，轉彎則是不同的速度。下方是我的製作方法：

① 骨幹

　　骨幹是履帶的核心架構，我選擇使用T型結構鋁擠型是因為它堅硬又輕，而且T型槽能協助調整張力。

② 連續式履帶

　　每個履帶鏈都是由52個工業用平頂輸送鏈節組成的連續迴圈。

③ 導軌

　　導軌的作用是當成履帶鏈的軸承面。這是從輸送機的導軌裁切一段下來，材質是堅硬、光滑的高模數聚乙烯（UHMWPE）塑膠，附有不鏽鋼底槽。

　　每個不鏽鋼的尾端都會被修整，塑膠部分也會彎曲向上，為履帶提供接近鏈輪適當的角度。

④ 墊鐵

　　木製墊鐵（每個履帶有三塊）為骨幹跟履帶鏈間製造空間。直向溝槽一路縱向直到2×4木材的尾端，之後被分割成6塊（每個履帶有3塊）。

⑤ 軸承座

　　軸承座（每個履帶4個，2個向內，2向外）能確保傳動軸與惰輪軸固定於骨幹上，由標準2×4木材與有防塵蓋的單列滾珠軸承組合而成（圖 B ）。尾端有凹槽讓履帶通過。

⑥ 傳動軸與 ⑦ 惰輪軸

　　傳動軸跟惰輪軸是由直徑½"的不鏽鋼鋼棒製成。加工磨平的那面置於側邊，與皮帶輪跟輪轂的止付螺絲一致。

⑧ 傳動端：傳動皮帶輪與鏈輪

　　傳動軸那端有鏈輪與輪轂裝配，置於兩個軸承座中間，傳動皮帶輪會接收傳動皮帶傳來的動力。

⑨ 惰輪端：制動皮帶盤與鏈輪

　　惰輪端類似傳動端，但是它是由剎車制動，而不是傳動制動。不是用傳動皮帶輪，而是用較小的惰輪制動皮帶盤，與固定的三角傳動皮帶作用（圖 E ，P.66）來減緩交通工具的速度。

⑩ 履帶控制把手

　　向前推啟動傳動皮帶張力器；向後拉則是剎車。

Brian Bunnell

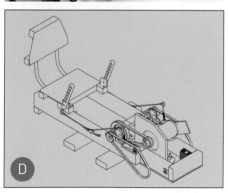

⑪ 履帶傳動皮帶張力器

張力臂是馬達在持續運轉時，接合傳動皮帶與否的重要零件（參考P.67「了解傳動系統」）。

模組1：履帶

打造一臺迷你坦克車是個耗費許多周末的專題。在這邊我會提供較為詳細的介紹，你可以遵循 makezine.com/

Mandy Bunnell, Brian Bunnell

projects/build-mini-tank-tread-electric-car/上完整的步驟說明。

組合履帶架

將所有組件裁切成需要的大小之後，放置3個墊鐵且溝槽向下，然後把骨幹放在上方。前面跟後面的墊鐵對齊骨幹尾端，中間的墊鐵則與骨幹的中心點一致。用平頭的木螺絲將墊鐵跟骨幹固定在一起。

現在平緩地（但是要牢牢地）將導軌壓入溝槽中。用平頭木螺絲將墊鐵跟導軌固定，同時確保螺絲的頭要與塑膠表面齊平。

鏈輪與輪轂組件

鏈輪結合、確保並傳遞扭力到履帶鏈上，它是由 ½" Lexan（聚碳酸酯板）製成──壓克力對這次的製作物來說太脆弱。你可以買現成的鏈輪，但是這次我是自己設計並裁切，使其符合這次所使用的履帶鏈。決定鏈輪大小、鏈輪齒的數量，以及所需的空間之後，我製作一個模板並轉換成 Lexan 板，然後用鑽頭（齒輪部分）及帶鋸機裁切 Lexan 板。你總共需要4個鏈輪（每個履帶2個）。傳動與惰輪鏈輪及輪轂組件是一樣的。

輪轂將扭力從輪軸傳送到鏈輪，它是由 6061-T6 鋁合金製成，有 ¼-20 止付螺絲。你也可以買現成的輪轂，不過我特製輪轂以符合所使用的鏈輪及輪軸。決定安裝輪轂的螺絲樣式之後，我用金屬車床在鋁金上製作凸槽，並鑽了4個安裝孔穿透凸槽。然後在中心鑽了一個½"的軸孔，鑽孔並敲打固定螺絲孔到中心的軸孔。你總共需要4個輪轂（每個履帶2個）。

將鏈輪與輪轂套到½"長的鋼棒上，這樣凸緣才會對上鏈輪，然後在鏈輪上標記出4個輪轂的安裝孔。移開鏈輪並鑽孔。沿著輪轂安裝孔對到鏈輪，從輪轂那面在每個孔上裝上 5/16" × 1" 大小的螺絲，且每個螺絲要加上（依照順序）平墊圈、鎖緊墊圈跟標準螺帽，然後鎖緊（圖 Ⓐ）。

安裝軸承座

用橡膠槌將軸承敲打嵌入溝槽中，這樣就會跟軸承座平面齊平且不會滑動。

藉由鎖緊輪轂平面上的止付螺絲將其安裝於輪軸上。將鏈輪跟輪轂安裝在軸承座中間（軸承向內），也將皮帶輪固定在軸承上。利用軸承座上的安裝孔，用螺絲將物件組合安裝於骨幹上（圖 Ⓑ）。

安裝並拉緊履帶鏈

將履帶鏈圈套到履帶架上，安裝於傳動鏈輪上。將惰輪軸承座套入履帶架的中心，保留一些空間將履帶鏈放在惰輪鏈輪上，惰輪鏈輪的齒輪要與履帶鏈的內側一致（圖 Ⓒ）。

這個交通工具是由固定的（非張緊）前端傳動，並從後端張緊，因此後端非驅動端，也是制動皮帶盤安裝的位置。

為拉緊履帶鏈，用橡膠槌敲打，並將每個惰輪軸承座套入後端以製造適當的鏈條張力。張力正確的時候，鏈條可以被提起 ¼"，高於骨幹的中心。

模組2：車架與傳動系統

車架

這個木製車架為剎車帶、控制把手、履帶傳動張力器、車身、履帶、座位、馬達、驅動組件，以及電子配備跟電池零件提供安裝點（圖 Ⓓ）。

2個2×4的木材放在兩端，距離12½"（外側向外），為車身的長度。將它們用2個平放的2×4木材固定，並設為履帶的寬度。我的履帶寬度是23"。

車架前半部隔出一個縱向2×4的空間，讓安裝馬達可以輕鬆一點。這個嵌入的部分同時也提供一個前保險桿，跟調整馬達的空間，也協助修正車輛重心的位置。

車架前、後的底部是用 "的合板鋪成。後方的地板能保護駕駛員遠離地面，前面的底盤則保護馬達跟電子設備，並在底部充當防滑板。

車架所有的組件都用甲板螺絲或木螺絲組裝。

座位

座位主要的構成元件是½"電氣金屬導管（EMT），用手動彎管機將導管折彎。將導管綁在一起，跟著2×2的木材一起裁切成想要的座位寬度，這個專題中的車架寬度為12½"。

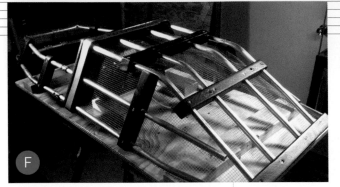

座椅靠背跟底部是用³⁄₈"的合板製成，並用木螺絲跟其它組件固定。

履帶控制把手

控制把手是用有著³⁄₈"樞軸孔的½"×1"鋁條製成。在樞軸孔下方尾端，它們被固定在一起，並套上一個羊眼螺絲。這個羊眼螺絲提供一個機制來調整把手的驅動長度。

4個樞軸支架（控制把手與皮帶張力臂所用的）是由¼"厚的2"×2"角鋁所製成，裁切為2"長。「樞軸（pivot）」本身是一個鑽入托架上螺絲孔的「螺絲」。你在樞軸上設定阻力，並確保鎖緊螺帽鎖緊托架上的樞軸螺絲。

履帶傳動張力器

每個履帶的張力手臂（參考圖J）也是用附有"樞軸孔的½"×1"鋁棒製成，輕扣在樞軸孔末尾的上方，套入羊眼螺絲以調整驅動長度。

在手臂前端，與樞軸孔平行，有一個螺絲孔用來套入螺絲，被用來當成張力器本身小型從動皮帶輪的軸。從動件是由直徑1"的聚甲醛樹脂塑料裁切而成，然後用機具加工上一條淺淺的凹槽，避免傳動皮帶接觸到從動件的時候移動。

剎車帶

剎車包括緊貼於車架外部惰輪端，½"長傳動皮帶的廢料，以及木螺絲（圖E）。皮帶必須與惰輪制動皮帶盤相互作用，因此你只有在履帶組件固定於車架之後，才可以調整並安裝它。

組合機械控制系統

駕駛器把手經由芳綸繩與剎車跟張力臂連結，雖然比較沒有延展性，不過靈活。控制手臂與張力器之間用單個皮帶輪連結，以增加張力臂相對於控制手臂落差的數值。

我用穿孔鋼帶的一小部分將剎車帶與控制繩連在一起。在需要增加附件的地方，用砂輪機在帶上製造出平點，然後用鋼帶包裹繩子跟皮帶，用螺絲將鋼帶固定在一起，捏緊繩子跟皮帶來固定好位置。

馬達與活軸傳動器組件

當馬達有動力的時候，它持續經由皮帶輪跟皮帶驅動一個½"的鋼製「活軸（live shaft）」。活軸由2個固定於縱向車架結構的帶座軸承所支撐（圖J）。這個活軸需要平均凸出於軸承外，如此一來左邊跟右邊的履帶傳動皮帶輪固定的位置才能呈一直列。

模組3：車身
前段與後段車體結構

車體最重要的就是安全與美學。打造方法與座位一樣，用2×2木材支撐由金屬管製成的結構。

車體中央部分是空心的，開放空間的部分我們稱為隔板（bulkhead），是由"的合板製成。前端與隔板底部橫向安裝一個2×2的木材，鑽了兩個孔當成車身中央的安裝孔。這些安裝孔位於2×4縱向車架的中心，距離11"遠。隔板形成車體的中樞，並能調整管道結構，使其得以配合車身形狀與位置。

車身前端被¼"×¼"的金屬網完全遮蔽，以防止小孩的手指伸進傳動系統中。金屬網從底部包裹，並固定於2×2的木材上（圖F）。

儀表板

儀表板是由¼"合板製成，裁切成符合隔板的形狀。儀表板最重要的就是安全——避免它從駕駛員的座位區域掉入皮帶與傳動系統（圖G）。

儀表板上所有的計量表並全都必要，不過它們看起來很酷，也可能很有作用。我選擇安裝三個數位電壓表（24V、12V、以及5V）、2個照明開關（供之後使用），以及一個數位溫度感測器來監控馬達的溫度。

下方：電子設備是負責管理電力到安裝於車輛隔板中的馬達。從左下方，順時鐘你可以看到紅色跟黑色連到充電插座、12V的馬達電磁開關、開關模組，以及24V轉12V的轉換器。

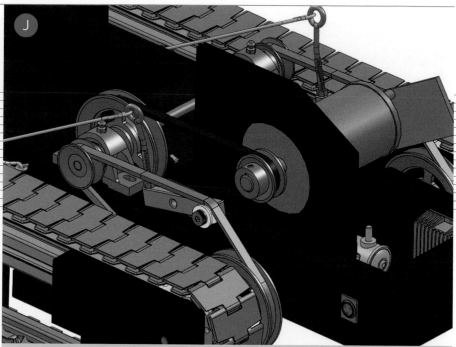

模組4：電子設備

車用電子設備包括：

» 馬達電磁開關
» DC直流轉換器，24V轉12V
» 開關模組
» 充電插座
» 電池

這個電子設備系統相對來說簡單。2個12V的電池（我用電動車密封鉛酸蓄電池）串聯在一起產生24V的基本電壓。將它們安置在底部，隔板與馬達的中間，活軸的正下方。透過安裝在木製車架上的充電插座，不用把它們從車體拿出就可以充電。

警告：要小心電池的電極不要直接與活軸接觸——這是我從自身慘痛經驗學到的。在我短暫而直接地讓電池短路之後，現在車軸上有燒焦的痕跡。

馬達藉由24V電流運轉，但現在無法控制速度，只能簡單的開啟與關閉。車速是藉由皮帶的滑動來調節。

座位前方有個開關箱（圖H），有2個開關：一個是三段開關，另一個是開關馬達的搖頭開關。三段開關是用來設定車用電子設備系統為三個模式：斷電模式、充電模式（電池在充電的時候不能為馬達供電），以及準備運行（開啟供電給24V轉12V的轉換器與計量表，馬達也可用搖頭開關啟動）

轉換器的主要目的是供電給持續運行的電磁閥，讓它能成為高電流的繼電器來啟動馬達。電磁閥的電力是來自自身的12V線圈邊（圖I）。

連接模組

最後組合的步驟相當簡單：把車架裝上履帶，安裝皮帶，然後將車體與車架安裝在一起。

履帶與車架橫向的部份安裝在一起，每個部份用2顆螺絲，每個履帶會用到4顆。我用直徑5/16"、長5"的六角螺絲，每顆螺絲搭配2個平墊圈跟1個鎖緊墊圈。現在就可以將剎車帶調整並安裝到最後位於車架上的位置。

將位於馬達跟活軸間主要的傳動皮帶安裝好之後拉緊，藉由套入活軸組件到軸承座後端，遠離馬達。

根據傳動系統運作的功效，2個履帶傳動皮帶不是在張力器的下方，而是簡單安置在履帶傳動跟活軸皮帶輪上方。

了解傳動系統

運作的時候，馬達是以全速持續運轉，但是履帶並沒有啟動，直到控制把手被推向前，啟動張力臂，以此拉緊履帶傳動皮帶（圖J）。駕駛的時候，履帶外側移動但內側維持不動，推動車輛以內側履帶為軸心轉動。停止的時候，可以鬆開控制把手，致使履帶與傳動皮帶失去張力，車輛接著就會馬上滑行到停止。想要快速停止，兩個控制把手要向後拉，將傳動皮帶的張力放掉，也就是啟動剎車。

用4個安裝點將車身與車架組合起來。2個安裝點的位置在車身的隔板上。一個連接木材與機身的雙頭螺絲（又稱為雙牙螺絲）嵌入每個2×4的縱向架構，與隔板2×2的橫樑上的安裝孔對齊。雙牙螺絲向內凸出穿過隔板，墊圈與蝶形螺帽則用來將車身鎖緊於框架上。

另外2個安裝點位於車身前端，我利用發動機架做了2個托架，用螺帽焊接所有底部。六角螺絲（1/4"×2"）穿過車身前端一個2×2的橫樑，來固定車身前端與托架的螺帽。

更進一步

到了某個時刻，我的兒子會長大而沒有辦法繼續操作這臺機器——所以我刻意在座椅下方加上伺服器跟接收器，讓迷你坦克車變成R/C遙控車！

你可以在makezine.com/projects/build-mini-tank-tread-electric-car/看到這臺迷你坦克的實際駕駛影片。

切斯特·萊斯與動圈式音響
Loudspeaker

威廉·葛斯泰勒
William Gurstelle
《MAKE》雜誌特約編輯，他的新書《捍衛你的城堡（暫譯）》（Defending Your Castle）已在各大書店上架

文■威廉·葛斯泰勒　圖■彼得·史垂恩　譯■謝明珊

時間：
1～2小時
成本：
5～15美元

材料

» 漆包線，28AWG，60' 或 120' 音圈不僅相當於電磁鐵，同時透過音箱提供電阻，以保護擴大器的電路。擴大器通常可承受音響4Ω或8Ω阻抗，一旦電阻低於4Ω或8Ω恐損害擴大器，28AWG銅電線每英尺約有0.065Ω，因此長度60'電線的電阻是4Ω，120'電線的電阻是8Ω，若你採用不同AWG的電線，記得調整長度。
» 稀土磁鐵，¾" 圓形、厚度 ¼"（2）務必使用軸向磁化磁鐵，而非支點磁化磁鐵
» 厚紙板條，½" ×1½"（2）
» 木板，大約 1"×6"×6"
» 圓木條，直徑 ¾ "，長度 6"
» 振膜，直徑 4" 選擇輕盈而堅固的材質，例如飛機木木片、塑膠免洗盤、大型鮪魚罐頭，不妨試試看哪一種的音質最好
» 衛生紙
» 環氧樹脂，快速黏合用
» 擴大器，適用於 4Ω 或 8Ω 的音箱
» 音樂播放器，例如數位音樂播放器、智慧型手機或留聲機

工具

» 剪刀
» 砂紙

自製搖滾世界90年的動圈直接輻射式換能器

切斯特·萊斯（Chester W. Rice）如其父，也是一位天賦異稟的工程師，同時也是美國奇異公司（GE）的管理者。1920年代，年輕的萊斯住在紐約斯克內克塔迪，奇異公司高層所擁有的三層樓住宅區「GE地產區」。那個社區一片綠意盎然，其中部分房屋有六個壁爐，甚至有自己的舞廳，但切斯特·萊斯的家務實多

了，主要跟他在奇異的工作有關，有著一間配備齊全的實驗室。

大型家庭實驗室很適合怪里怪氣的萊斯。他每天晚上11至12點開始工作，一路做複雜的實驗到天亮。GE地產區的夜晚十分寧靜，就算他使用超敏感電子儀器，也不會受到街坊鄰居打擾。

切斯特·萊斯的成就不勝枚舉，跨足

不少電子工程領域，他研發短波無線電技術，設計最早出現的潛水艇偵測技術。他測量有軌電車的車速，進而測試了雷達測速儀原型。不過，他最重要的發明，其實是他跟奇異工程師愛德華·克洛格（Edward W. Kellogg）共同研發的超實用音響，從此改變了音樂。

擴音

萊斯和克洛格發明音響之前，只能透過耳機聆聽留聲機或廣播。一旦有兩個以上的人想聽，就得把大大的傳聲筒置於振膜上，而且擴音幅度有限。1920年代，萊斯和克洛格不斷改良動圈式音響，這個裝置是以電子擴大器增強廣播的訊號或留聲機的振動，再以電磁耦合振膜的振波，進而輻射出聲音，讓音樂繚繞整個房間。

美國無線電公司（RCA）正是根據這項發明，在1926年推出Radiola 104音響，售價約250美元，如今要價3,000美元以上，消費者仍覺得物超所值，已售出數千臺。

製作你的萊克動圈式音響

這次要做的動圈式音響更方便Maker製作（圖 A ）。相比之下，原版萊克音響有兩個電磁鐵，一個做為驅動器，另一個做為音圈——不過現在我們使用便宜的永久磁鐵來當做驅動器。這個版本沒有Radiola 104高貴，成本約15美元，如果你手邊剛好有漆包線，花費會更少。

1. 用衛生紙捆住圓木條，接著纏繞漆包線，線圈寬度約½"至¾"（60英尺漆包線大約繞230圈，120英尺繞450圈），音圈就大功告成了。頭尾各留12"，記得漆包線要捆緊，但也不可以太緊，完成後不會滑落即可。

將音圈輕輕從衛生紙和圓木條分離，千萬不要讓它散開，在音圈塗上一層薄膠，靜置硬化（圖 B ）。

2. 用砂紙磨掉頭尾兩端的絕緣漆（圖 C ）。

3. 將音圈黏在振膜的中央（圖 D ），等待薄膠硬化。

4. 將厚紙板條摺成Z字型（圖 E ），並將磁鐵和Z形厚紙板黏在木板底座。

5. 在Z字型厚紙板另一側黏上振膜（圖 F ），請注意音圈和磁鐵頂部的距離，這可能會影響音質和音量，不妨試試看在哪個高度時音質最佳。

6. 將音響電線連接上擴大器（圖 G ），好好享受自製的音響吧！

音響的原理

音響究竟是如何發出聲音的？

聲音如波浪般在空中傳遞。舉例來說，當你拿鼓棒敲鼓，振動的鼓面會晃動周圍的空氣分子，空氣分子再推動周圍的分子，如此不斷推進。鼓聲形同空中的壓力波，預先壓縮空氣分子，由內而外傳遞；但是壓力波通過時，空氣分子會回復原本的間距，暫時產生低壓區。基本上，聲波通過空氣時，會改變高壓區（密部）和低壓區（疏部）。

壓力波抵達我們的耳朵時，會將耳膜往內和往外推，中耳的神經會接著把這些振動化為大腦能夠理解的電子訊號。

音響的振膜正如同鼓面，也會產生經由空氣傳遞的高低壓力波。不過，為什麼振膜會動呢？振膜黏在電磁音圈上，音圈就在永久磁鐵或磁場前面。一旦音響連接音樂擴大器，音樂頻率會影響電子脈衝，電子脈衝經由音響電線傳到音圈，音圈就會變成可變電磁鐵，形成脈衝磁場。電子脈衝流動時，電磁鐵會吸引或排斥永久磁鐵，讓振膜受到震動，進而產生響亮的環繞音效！◢

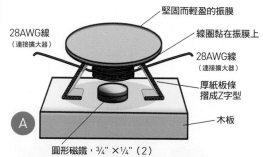

堅固而輕盈的振膜
28AWG線（連接擴大器）
線圈黏在振膜上
28AWG線（連接擴大器）
厚紙板條摺成Z字型
木板
圓形磁鐵，¾" ×¼"（2）

A

B

C

D

E

F

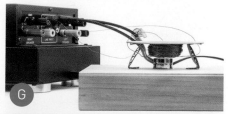

G

觀看運作影片或分享你的自製音響，請上makezine.com/projects/rock-out-with-simple-moving-coil-loudspeaker/。

James Burke

3D-Printed
Tourbillon
Clock

3D列印陀飛輪鐘

列印並組裝可運作的
放大版精密鐘錶機構

文：克里斯多夫・萊梅爾　譯：葉家豪

時間：一周
成本：40～60美元

克里斯多夫・萊梅爾
Christoph Laimer
出生、成長於瑞士蘇黎世。
他在蘇黎世ETH大學取得
電子機械碩士學位，
最近剛離開軟體公司的工作，
以追求他對3D列印製造
時鐘產品的熱情。

Christoph Laimer

我做的瑞士槓桿式擒縱結構零件，特別針對 3D 列印陀飛輪鐘的設計。

2013年我買了人生中第一臺3D印表機之後，馬上就開始自製樂高零件給我的孩子們。 接下來我給了自己一個挑戰：設計一個瑞士槓桿式擒縱結構（Swiss lever escapement）——一個跟時鐘相連、來回擺盪並且發出滴答聲響的機構件。從此點燃了我對3D列印鐘的熱情，而我的第一個3D列印壁掛式時鐘在6個月後就此誕生。

之後我得到了Ultimaker 2和新的挑戰。我深深迷上了維亞內·阿勒特（Vianney Halter）設計的Deep Space陀飛輪錶，一支受電影《星艦迷航記》啟發靈感的腕錶。從錶面的中心可以直接看到手錶內部的精密機構件。以製錶工藝來說，陀飛輪就是一個框架，將手錶的擒縱裝置（escapement）和平衡擺輪（balance wheel）包含在內。整個裝置能抵銷重力對鐘錶準確度的影響。隨著現代製錶工藝的進步，陀飛輪已經不是不可或缺的存在了，但設計師仍會考慮陀飛輪的設計，以表現自己的技術。這是一個能讓製錶師驕傲，且需要100%投入才能完成的作品。

一有了這個想法，我馬上就知道陀飛輪對我的3D列印錶來說已不可或缺。就像Deep Space陀飛輪錶，這個讀秒裝置應該放在錶面的正中央，透過大齒輪驅動的指針則環繞著它。當我的構想成為現實的時候，就相當於傳統陀飛輪的再發明，並且將其移植到3D列印領域。

我設計的發條錶包含了51個3D列印的部件、15支固定插銷、14個墊圈、及21顆螺絲。當所有部件都緊密地鎖在一起時，成品的大小尺寸與時鐘相當：直徑4吋（102mm）。我已經將3D檔案分享到Thingiverse網站上，這樣任何人都能做出自己的陀飛輪錶。

設計一個陀飛輪

我第一個有關陀飛輪的3D列印作品是一組小模數齒輪。以齒輪來說，「模數」是度量鋸齒間距的單位，為齒輪參考直徑除以齒數的比率。經過試印後得知，我所用的Ultimaker能夠印出最小模數0.5的齒輪——相當於樂高的一半大小。為了保險起見，我最後決定用模數0.7設計及列印，以保留一些調整空間。

接著，我必須設計一套體積夠小的擒縱裝置，要能夠放得進陀飛輪外框裡。因此我把平衡擺輪和擒縱裝置垂直排列成同心圓，如此便能讓整個裝置的體積壓縮到最小。接下來，為了驅動擒縱裝置，我需要更小的齒輪。

陀飛輪的動力驅動機制其實就像行星齒輪（planetary gear），內側含有環形齒輪（stationary annular gear），而整個陀飛輪外框就是承載平臺。整體運作看似複雜，但在3D設計軟體Autodesk Fusion 360上構圖設計卻意外的容易，而且不需要大量製作原型。陀飛輪的旋轉速度剛好就是每分鐘一圈——所以秒針只要直接安裝到陀飛輪上就行。

至於時針及分針的構造就相對單純了。我從錶面開始著手，然後再安裝陀飛輪的齒輪組。而齒輪比例就是單純的數學計算了。

比較難的挑戰是設計主發條。我先試作

材料

- » PLA 線材
- » PETG 線材
  - » 插銷，鋼製或銅製：
    - 直徑 1.5mm，長 55.5mm（1）陀飛輪軸心
    - 直徑 1.5mm，長 12mm（1）錨形擒縱器軸心
    - 直徑 1.5mm，長 8.5mm（1）行星齒輪軸心
    - 直徑 2mm，長 57mm（3）小齒輪軸心，用於驅動分針和時針輪盤
    - 直徑 2mm，長 22mm（6）基本動力傳輸部件軸心
    - 直徑 2mm，長 15mm（1）固定主發條
    - 直徑 3mm，長 22.5mm（1）主發條軸心
    - 直徑 3mm，長 31mm（1）主要齒輪軸心
- » 墊圈：
  - » 3mm（3）用於主發條齒輪組
    - 2mm（6）用於齒輪間動力傳輸
    - 1.5mm（5）用於陀飛輪和擒縱裝置
- » 螺絲：
  - » 直徑 1.5mm，長 5mm（5）用於發條盒
    - 直徑 1.5mm，長 10mm（7）4 顆用於底盤、3 顆用於陀飛輪外盒
    - 直徑 1.8mm，長 6.5mm（5）用於棘輪
    - 直徑 1.8mm，長 12mm（4）用於錶面

工具

- » **3D 印表機：** 可上 thingiverse.com/thing:1249221 取得 3D 檔案。
- » **鑽頭及螺絲起子**

令人驚豔的視角：陀飛輪內部實景。

陀飛輪錶的所有零件示意圖。

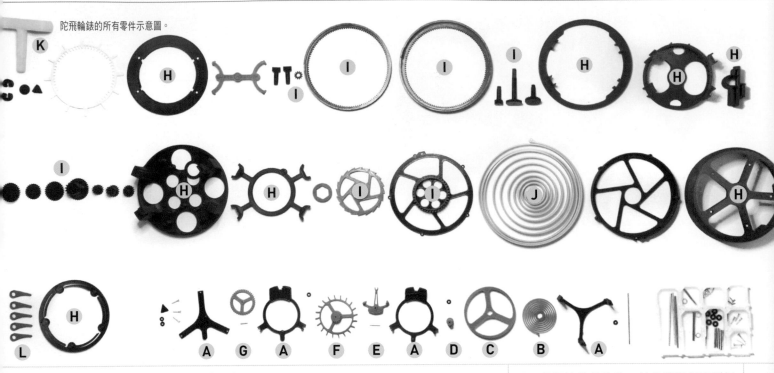

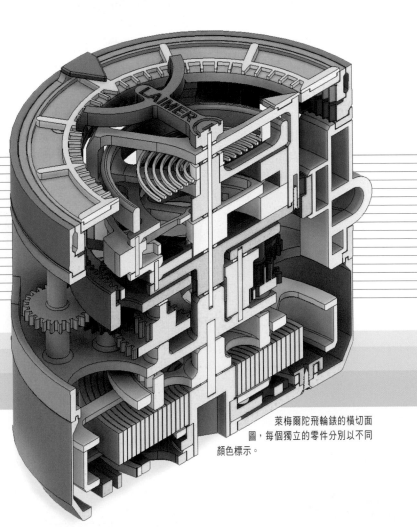

萊梅爾陀飛輪錶的橫切面圖，每個獨立的零件分別以不同顏色標示。

了一些螺旋狀的物件，並持續操用直到損壞。另外我也（從Google）得知，為了讓發條力量維持橫定，主發條必須設計成特殊的形狀。經過試驗後，我發現PLA並不適合做為主發條的材料——PLA材質容易變形，而且PLA製品會隨著使用時間增加持續耗損，導致上發條的力道衰弱。PETG線材雖然仍不是最理想的材料，但比起PLA仍相對合適。未來我還會繼續嘗試其他更適合的材料。最後主發條成品總長度達2公尺，列印時相當花時間呢。

2015年6月，我開始製作我的第一支陀飛輪錶，到了12月時才完成整個作品。我一開始把陀飛輪設計公開到Thingiverse和Youtube上時，完全無法預期會有今天的反應。現在我也接到其他3D列印的設計需求。未來我希望能開啟自己的新事業，同時延續我對製錶的熱情做為周邊專題。

打造你的陀飛輪錶

要完成這個專題需要耐心和良好的品管。儘管你要打造的這支陀飛輪錶體積比專業製錶師必須面對的要大得多，依然得憑藉對列印品質、重量和材料強度的眼光，才能完成一套精準的3D列印陀飛輪錶。

列印出檔案中的所有零件，並注意下方說明。組裝2個核心組件——陀飛輪和主發條的「發條盒」（going barrel）——然後按照 makezine.com/projects/3d-

Christoph Laimer

組裝主發條盒時，如上圖所示排列對齊後將其放進外盒中。在這個步驟，棘爪解鎖器（包含在3D列印部件中）是個很好用的工具，能夠固定住棘爪，以方便組裝作業進行。

printed-tourbillon-clock/上的影片來組裝時鐘齒輪。

所有**陀飛輪（ A ）**內的零件——也就是**遊絲（ B ）**、**平衡擺輪（ C ）**、**插銷（ D ）**、**錨形（槓桿式）擒縱器（ E ）**、**擒縱輪及行星齒輪**——都是用PLA材質以高精細度列印（層高0.06mm，殼厚0.8mm）。剩餘的部件以普通精細度列印（層高0.1mm，殼厚0.8mm）。除了棘爪（並未放進圖中）需要開支撐列印外，所有零件直接印出即可。我用Ulitimaker 2搭配0.4mm噴頭，得到最好的效果。

錨形擒縱器的填充率設定為80%，才能達到更佳的平衡。其餘零件的填充率設為30%即可。

陀飛輪外框（ H ）我使用PETG列印（稍微可彎曲，可吸震）。所有**齒輪（ I ）**則採用PLA為原料（較為堅硬、光滑）。在本篇附圖中，黑色及黃色的零件原料是PETG、橘色及紅色的原料為PLA。

主發條（ J ）是使用PETG列印（若是用PLA來列印，過不了多久就會斷裂）。列印主發條的時候我把Cura軟體中的「combing」功能關閉。雖然在列印普通製品的時候「combing」是很炫的功能，但製造大型螺旋零件的時候，由於噴頭必須做出大量多餘的繞行動作，容易導致列印失敗。噴頭繞行時會漏料，等到重新開始列印時材料可能已所剩無幾；出料斷續

造成的後果恐怕不堪設想。

遊絲則必須以PLA列印。當然也可以使用其他的材質，但會造成時鐘走太快或太慢，因此若想要把PLA換成其他的材料，就必須重新設計發條的構造。

另外，因為固定插銷用的插孔尺寸太小，沒辦法很精準地以3D列印印出，因此必須先用鑽頭將零件內側表面磨平——尤其是平衡擺輪。在旋轉時，必須儘量消除齒輪等零件之間的摩擦及無法密合的狀況。如果找不到適合大小的插銷或螺絲，用尺寸稍大的迴紋針替代也是可行的——還是有空間可以把孔挖得大些。

若要牢牢固定列印件，就用酒精水溶液清潔過的加熱玻璃平臺上進行印製；要從平臺上分離列印件的時候，再滴幾滴溶液在列印件和玻璃平臺中間，就可以毫不費力地取下了。

除了**發條扳手（ K ）**，還有另一種棘爪可以用來解鎖**棘輪（ L ）**，如此當你的手錶閒置不用時就可以將主發條完全放鬆。這個設計可以有效延長鐘錶的使用壽命。

你甚至可以自行列印一條來連接陀飛輪錶的鍊子，用來將它從口袋中拉出來。不過你的口袋必須要夠大！ ◎

到makezine.com/projects/3d-printed-tourbillon-clock/看看它動起來的樣子並打造你自己的陀飛輪表。

3個有趣
的3D列印作品

彈珠滾動機#3

設計者：Tulio Laanen
thingiverse.com/thing:1385312

這是一件工程浩大的設計，大約需要10個小時來列印，但好處是不需要開支撐列印。列印完成後，組裝起4樣零件非常簡單，但能帶來許多樂趣。旋轉裝置頂端的旋鈕將會轉動蝸輪，把一顆顆彈珠從底部的彈珠盒帶到頂端，然後魚貫向下滾動，就像一串旋轉的瀑布。

SD記憶卡山

設計者：3D Brooklyn
thingiverse.com/thing:1362048

現在網路上已經有數不清的SD記憶卡盒的設計圖，但幾乎沒有能與接下來介紹的SD記憶卡盒相提並論的設計。這座小山能裝進5張記憶卡，排列的角度就像山峰一般。整個設計是一體成形的，不需要開支撐列印。

萬花尺

設計者：Valdis Torms
thingiverse.com/thing:1362048

這個萬花尺設計不但低成本，而且列印所需時間非常短，從列印平臺上完工取下的那一瞬間開始，就能帶來許多樂趣。此外我們發現只要用錐子把萬花尺上的小孔鑽大一點，還可以省下一些削鉛筆的功夫。

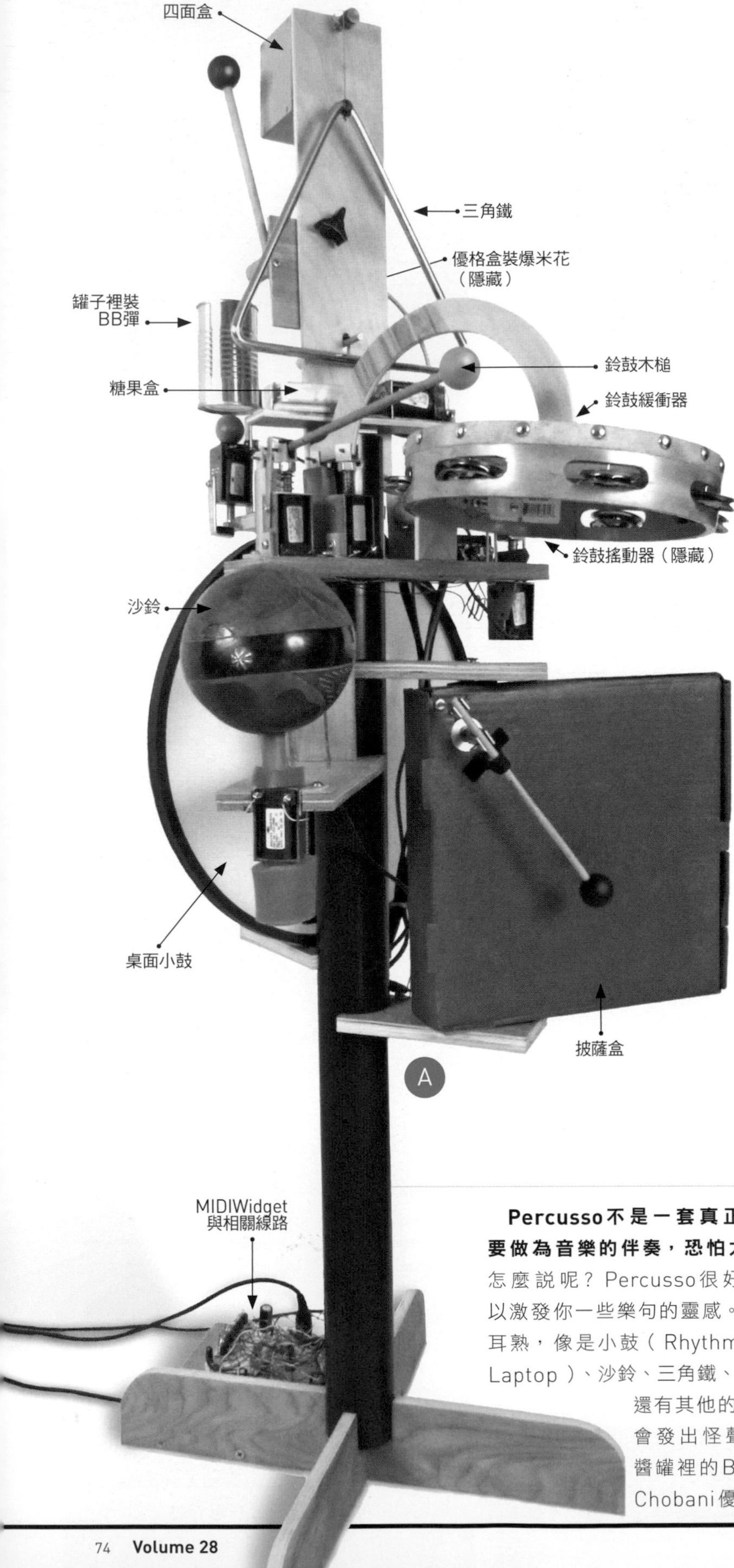

四面盒

三角鐵

優格盒裝爆米花
（隱藏）

罐子裡裝
BB彈

鈴鼓木槌

糖果盒

鈴鼓緩衝器

鈴鼓搖動器（隱藏）

沙鈴

桌面小鼓

披薩盒

Ⓐ

MIDIWidget
與相關線路

Percusso：
MIDI控制打鼓機器人

我用電磁閥和
MIDIWidget
打造了一臺瘋狂的
打擊樂機器人

Percusso:
A MIDI-Controlled
Percussion Bot

文：賴瑞・寇頓
譯：花神

Percusso不是一套真正的鼓，如果要做為音樂的伴奏，恐怕太吵了。 但是怎麼說呢？ Percusso很好玩，可能可以激發你一些樂句的靈感。 有些聲音很耳熟，像是小鼓（Rhythm Tech的The Laptop）、沙鈴、三角鐵、鈴鼓等等，但還有其他的「樂器」，就會發出怪聲，像是番茄醬罐裡的BB、四面盒、Chobani優格盒子裡裝的

爆米花、鈴鼓用的木槌和緩衝器、Tic Tac糖果盒，還有我編輯的最愛：用一個紅色的錘敲打的10"比薩盒──會發出一些有趣的聲響（見圖Ⓐ）。

這些樂器都是用我的Yamaha P-105數位鋼琴透過MIDI來控制的，我暫時把數位鋼琴最高的十二個音拿去用在Percusso上了。 如果你對此並不熟悉的話，MIDI（Musical Instrument Digital Interface，樂器數位介面）是電腦與音

樂裝置溝通的方式（通常），只要有相對應的軟硬體，就可以把數位鍵盤上的按鍵「連上」其他電子樂器（打擊樂器也算），甚至是任何電子機械裝置！

MIDI訊號可以控制電磁閥，電燈、繼電器、電子氣動裝置、馬達（步進馬達或一般馬達），這個專題是在控制電磁閥，恐怖萬聖節的場景和聖誕燈也常常是用MIDI控制的（等一下會有更多說明）。

打造 Percusso

其實，我選的樂器就是一些身邊有的東西，不過那塊三角鐵是買的就是了，因為我覺得機器人應該要有些叮噹響的玩意兒，這樣比較好聽。

經過許多次失敗的嘗試之後，我決定了最終設計，大致勾勒出Percusso的模樣。因為我的音樂工作室已經很擠了，所以決定做一個垂直的機器人，最小的樂器在最上方，大件的樂器在下面，這樣組合起來，其實佔的空間不大，移動起來也很容易，我用了一段4尺長、直徑2"的PVC管來支撐主結構，然後切幾個1/2"寬的縫隙，用來連接打擊樂器，此外，還加了兩塊1/2"合板做為腳架。

無論是為了Percusso的組裝、可攜性設計還是最後偵錯，我都希望這整個機器人以模組化的形式構成，可以以單位拆裝。每一個模組都有發聲元件、電磁閥、機械撞槌與樞軸、 RCA端子和安裝表面（通常是1/2"合板，見圖B、C、D與E）。

不同的樂器需要以不同的方式敲擊（或搖動），我自己發明了一些撞槌和支架，再連上電磁閥，這個部分主要的材料是鋁和木料。

其中，最具挑戰性的大概是搖沙鈴的裝置，我們在搖沙鈴的時候，腕部的動作某種程度上要與沙鈴裡頭的「沙」同步，這個動作用電磁閥有點難模仿，所以我加入一些彈簧跟填料，電磁閥得舉起沙鈴的殼，握把會在較遠的那一端擺動，要做到這一點，必須要使用24V直流電， 鍵盤得與沙子聲同步運作。

介面控制板

電腦和電磁閥的介面採用約翰·史特科維奇（John Staskevich）的MIDIWidget（圖F），現在MIDIWidget已經很容易弄

賴瑞·寇頓 Larry Cotton
一名半退休的電動工具設計師兼數學老師。他喜愛音樂、電腦、鳥類、攝影、電子、家具設計以及他的妻子——以上排列順序與喜愛程度末必相關。

時間：
幾個週末
成本：
200美元以上

材料

» **你喜歡的「樂器」**，鈴鼓、比薩盒，什麼都可以！
» **電磁閥，拉式，12V ~ 24V直流電**，可以看看 All Electronic、Alltronics 和 American Science and Surplus，有很多選擇，有些沒有活塞，但我發現 5/16" 螺帽可以當活塞使用。
» **彈簧，各種內徑**，搭配電磁閥。
» **MIDIWidget 控制板**，在 midiwidget.com 買大概 60 美元
» **MIDI 鍵盤**
» **電腦**，安裝 MIDI 編曲軟體和／或數位音樂平臺軟體（見內文）
» **電源供應器，開關式**，12V 和 24V 直流
» **達靈頓電晶體** ULN2803A 陣列晶片（建議）或 TIP120 型
» **木塊，各種尺寸**，形狀方正
» **合板，1/4" 與 1/2"**，品質要好
» **木釘，直徑介於 1/16"－1/2"**
» **木球，直徑 1" 左右**，用來製作鼓棒
» **鋁擠，一般大小**
» **零碎塑膠板**
» **PVC 管，直徑 2"**
» **各種扣件**，尤其是各種金屬板、機械螺絲與螺帽
» **膠水與膠帶**
» **漆包線，22 號**
» **RCA 音訊插頭、插座與連接線。**
» **銅焊條，直徑 3/32"**，適合做為轉軸或限動器
» **除噪音裝置**，如 Creatology 的泡棉墊
» **噴漆**，PVC 管用
» **亮光漆，緞面漆**，木頭零件用

工具

有些是我的愛用工具：
» **Shopsmith 工具臺**，主要是用磨砂機
» **帶鋸機**
» **鑽床與 1/2" 夾頭**
» **桌鋸**
» **無線電鑽，夾頭 3/8"**，可變速
» **Dremel 高速旋轉工具組**與配件
» **線鋸和鋼鋸**
» **鑽頭，直徑 1/16" 到 1/2"**
» **鑄型鑽或三尖木工鑽，3/8" 到 3/4"**
» **鐵鎚、鉗子和螺絲起子**
» **烙鐵和焊錫**
» **螺紋接頭：6-32 和 8-32**
» **銼刀**
» **砂紙**

用電磁閥來做打擊樂器
訣竅、工具與材料

1. 在進行打擊或搖動的時候，儘量讓電磁閥活塞的摩擦力減少。保持零件排序整齊，打擊力道的部分不能完全倚靠電磁閥。

2. 電磁閥活塞在打擊之後時回到原位，會需要避免回位時發出聲響，為了將這種聲音降到最低，我們儘量在零件碰撞處加上泡棉，彈簧要選很好壓的那一種，但是反彈要快。

3. 我買的是拉式電磁閥，不過「推」的那一端也可以用，只要在外殼另一側把洞弄大就行了。

4. 不同的發聲器材可能會需要不同電壓驅動，12V直流電可以需動簡單的水平移動，如果要進行垂直移動，或是更複雜、更長、力量更大的移動，可能就要到18V～24V了。

5. 要確定電磁閥有足夠的電源供應，如果需要同時驅動許多電磁閥，電流是加成的，我覺得一次彈奏不超過2個樂器效果比較好。

6. 用RCA接頭、插孔跟連接線來連接MIDIWidget和樂器。

7. 在電磁閥之間加入二極體，來緩和可能的短暫電壓暴衝，不過，要注意二極體的極性問題。

到手了，不過我可是早在MIDIWidget在Kickstarter上面募資的時候就拿到了！後來，約翰大量生產許多類似的產品，像我用在MIDI marimba（youtu.be/UQ35iQFeock）的MD24解碼器就是個例子。你如果去造訪highlyliquid.com和codeandcopper.com網站，上頭會有更多約翰最近的新發想！

MIDIWidget最多可以控制24個裝置，使用起來很容易，跟之前的介面比起來，少了許多艱澀的程式編寫。我將MIDIWidget連上我的電腦，啟動軟體設定程式（就是鍵盤彈奏與電磁閥連結的部分），然後將電磁閥控制線路連上MIDIWidget。我決定稍微多投資一點錢來購買螺絲端子臺（我用了一半），我也非常推薦你這麼做。MIDIWidget可以由USB或5V直流電源供應，也有一般MIDI接頭。

MIDIWidget的訊號是極小的5V脈衝，無法直接驅動電磁閥或其他需要大量電流的裝置（像是馬達或繼電器），因此，約翰建議在MIDIWidget和電磁閥之間加入達靈頓電晶體陣列晶片ULN2803，不過因為我手邊剛好有一些TIP120達靈頓電晶體，所以我就用了。達靈頓電晶體可以將5V脈衝放大，驅動更高電流的裝置，在圖G當中可以看到每項樂器的連接方式。

我的電磁閥所需電源為12V～24V直流電，需要的電壓也很大，所以我用了好幾個相當大的電源供應器（12V與24V直流），大部分的變壓器都無法勝任，除非是特殊高壓電器專用才有可能。

每一個TIP120都足以處理ULN2803A的輸出電流，當MIDIWidget在解碼MIDI訊號流時，達靈頓電晶體會放大5V脈衝，驅動高電流裝置，在圖G當中可以看到每一個音需要的線路。

軟體

電腦透過MIDI編曲機軟體來記錄數位鍵盤彈奏的音樂，MIDI編曲機軟體可以處理超過12軌音效，應付Percusso足足有餘了，而且，你不需要真的會彈琴，就把這些琴鍵想成是聲響開關吧！

只要用基本的軟體，就可以播放並編輯MIDI演奏了，如果要納入音訊檔（像是.wav或.mp3檔），那就需要數位音樂工作站（Digital Audio Workstation，簡稱DAW）軟體，就比較複雜一些，如果使用DAW，可以將音訊檔和MIDI音軌（訊號序列）進行同步處理。

我用的數位音樂工作站是Cakewalk出品的Home Studio 2002，在Windows 7執行沒有問題，這個軟體有點老了，Cakewalk他們家新出品的軟體叫做SONAR，另外，也有一些人喜歡Steinberg的Cubase MIDI編曲軟體，Anvil Studio也有提供一套免費的編曲軟體，錄MIDI音軌不限長度，還可以錄2段1分鐘的音訊檔，如果付20美元，就可以錄到8個音軌。

如果你也想打造自己的Percusso，我建議你勇於嘗試，發揮創意吧，準備好犯很多錯誤，然後，好好享受這個過程！ ◙

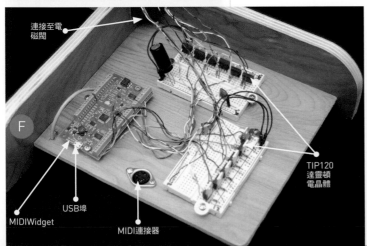

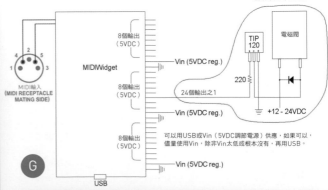

在makezine.com/projects/midi-drum-bot/網頁可以看到Percusso的影片，也歡迎你在上面分享你對於音樂機器人的靈感喔！

Larry Cotton

Ponytrap: A Robot Drummer with Arduino

文：昆汀・湯瑪斯・奧立佛　譯：花神

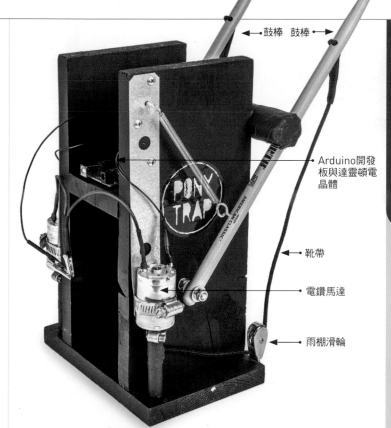

← 鼓棒　鼓棒 →

Arduino開發板與達靈頓電晶體

靴帶

電鑽馬達

雨棚滑輪

昆汀・湯瑪斯・奧立佛
Quentin Thomas-Oliver
他和夫人希拉蕊共同創作了Ponytrap，他們認為自己的藝術風格是現代原住民的部落音樂：用古典樂器演奏工業音樂，再加上一些機器人。

時間：
2～3 小時
成本：
75～80美元

材料

» 電鑽馬達，12V 直流電，附小齒輪（2），我們用的馬達是Mabuchi RS-545SH。
» 鼓棒（2），我們選用 Vic Firth 7A，原因是我們喜歡輕鼓棒的回饋效果
» Arduino Uno 微控制板與USB 連接線
» 靴帶
» 松木板，1×6，總長 4'
» 甲板螺絲，1¹/₂"（12）
» 木螺絲，#8，¹/₂"（6）
» 六角螺絲，¹/₄"，2" 長（2）
» 防鬆螺帽，¹/₄"，附墊圈（4）
» 吊環螺絲或 #12 羊眼螺絲（4）
» 鋼質束帶，1¹/₄"×9"（2）Simpson #LSTA9
» 管夾：#4（2）和 #20（2）
» PVC 管，¹/₄"，總長 5"，傳動軸用
» PVC 管，¹/₂"，總長 8"，主軸用
» 雨棚滑輪（眼型），³/₄"（2）
» 拉伸彈簧
» 信號燈電池（Lantern battery），6V（2）
» 平插端子（母）（4），小型。
» 麵包板，小的
» 連接線
» 電晶體，TIP120（2）
» 二極體，N4004（2）。
» 發泡保溫管，小塊，讓鼓棒可以有緩衝的回饋。

工具

» 鋼鋸
» 電鑽與鑽頭：¹/₄" 和 ³/₃₂"
» 十字與一字螺絲起子
» 活動扳手
» 鉗子（附剪線器）
» 鉛筆
» 尺
» 攝影膠帶

Ponytrap: 用Arduino打造機器鼓手
用真實鼓棒和你最愛的微控制器打造最帶「勁」道的打鼓機器人

幾年前，我在玩音樂的時候，突然閃過「打造」專屬鼓手這個念頭。 於是，我著手進行實驗，在燒壞了幾十顆馬達之後，我的 Ponytrap現在可是堅強的純機器人打擊樂隊了！

在設計這個機器人的時候，我們希望除了滿足聽覺上的刺激之外，視覺上也要讓人滿意才行。雖然用體積更小、速度更快的致動器來做可能比較簡單，但我們就是想要看見、聽到、並有真的打鼓的感覺！我們的 Ponytrap 就是這樣，看起來很有感覺，實際上打起鼓來也不輸真人鼓手！

用 DC 馬達來做打擊樂吧！

Ponytrap 可以用兩根真的鼓棒打擊，鼓棒用Arduino 微控制器控制，節奏寫在 Arduino 軟體當中，打鼓的動力來源部分，我們採用 2 顆12V DC 24,000 rpm 電鑽馬達來控制兩根鼓棒，每個馬達都會帶動一根用 ¹/₄" PVC 管製作的傳動軸，傳動軸接到用 ¹/₂"PVC 管做的主軸，這個裝置快速將線段捲入，讓鼓棒打到鼓面；鼓聲響起之後，彈簧會把線拉回去，鼓棒回收，準備下一次打擊。馬達由 Arduino 透過 TIP120 電晶體控制開關，電源則由 6V 信號燈電池串聯至12V（圖Ⓐ）。

我們這次選用小鼓，不過其實什麼鼓都可以（如果你身邊沒有鼓，其實連塑膠桶蓋都可以！），所有的零件都可以在零售商店買到，整個專題都可以用簡單的工具完成，只要花上半天，就可以做出 Arduino 控制的打鼓機器人，用各種速度打出不同的節奏，而且練團從來不缺席，不錯吧！ ✎

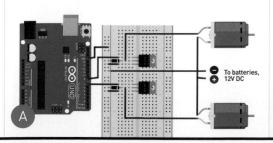

Ⓐ

To batteries, 12V DC

完整的專題製作步驟、相關影片與程式碼請見
makezine.com/projects/make-robotic-drum-using-arduino-uno。

Hep Svajda, Quentin Thomas-Oliver

文：珍・史都華　譯：呂紹柔

Mario
Play Cubes

珍・史都華
Jane Stewart
住在英國的超級手工藝迷，小時候的每個假期都花在製作專題上。11歲的聖誕節，她收到一組編結友誼手環套件，開啟了她的花邊結之路。

瑪利歐方塊積木
從經典遊戲像素到簡單的花邊結圖案——不需要用針織！

這個軟綿綿的方塊積木，是為了我的5歲姪子而製作的，讓他在房間裡有個真實又軟Q的超級瑪利歐世界！

我製作花邊結已經有20年了。當我還是學生時著迷於打造編結友誼手環，並透過不斷嘗試，學會如何編結出直線及讓不同顏色交錯。

你可以輕鬆地將簡單的像素圖案，如經典電腦遊戲中的小精靈，轉變成花邊結圖案來製作軟綿綿的好玩玩具。只要你能找到夠多紗線，也可以做成枕頭般的大小，甚至是更大的尺寸！

從像素到編結

我使用任天堂的經典繪圖遊戲「瑪利歐畫家」（Mario Paint）來設計這些瑪利歐和「威力增加」（power-up）的圖案，但你也可以用其他繪圖程式，或是直接在紙上作畫。

我選用任天堂早期的16x16像素圖案（圖 Ⓐ）來打造我的花邊結。由於雙半結的高度會比寬度稍微大一些，所以我得把畫面壓扁一點，才能讓成品看起來是方形（立方型）的。因此，我直接在瑪利歐畫家上刪掉最上面和最下面的橫條，做出這個

16x14像素的版本。

1. 學習編結

圖 Ⓑ 呈現我如何打出基本的雙半結，我也建議你上YouTube看教學影片。我是右撇子，但我發現用右手握住紗線，然後用左手進行編結比較容易。如果你覺得比較好做，也可以換手試試看。

2. 平行編結

剪48條黑色紗線做為內部的結構紗（structural yarn），每條長28"

Hep Svadja

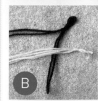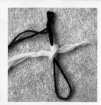

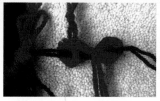

時間：
8～10小時
成本：
10～30美元

材料

» **紗線**，100g 的球狀輕量紗線，又稱雙面針織重（DK）。顏色數量任你選擇，在這個專題我用了 **7 種顏色**

» **填充物**，如聚酯填充、碎布、發泡膠、乾豆子或乾義大利麵

工具

» 剪刀

» **有繪圖程式的電腦（非必要）**，也可以用紙筆

（70cm）。兩條黑紗線最後都會在每一個花邊結的裡面。每一面都有3行主色橫行（例如瑪利歐圖案面的主色是紅色）、14行編出圖案的交織橫行、以及底部的3行主色橫行。每一面都是 24 結長、20 結高。

圖  C 是第一行紅色橫行完成的樣子。結構紗暫時固定住24條線的其中2叢，可避免紗線移動。

3. 圖案編結

每一個像素是由結構織物（structural wool）上的一個雙半結構成。在圖案的上部與底部各留三橫行，兩邊則各有4個編結。

圖 D 說明如何將紅色背景與黑色像素交織，編結成圖案的第一行。完成一行後，把黑色紗線塞到內側。整個圖案面完成後，可以把所有內側的紗線編結在一起。

三行紅色橫行都完成後，你就可以從第一行紅色橫行開始，將結構織物上的大結解開，然後開始製作錢幣圖案面，結束瑪利歐圖案面。

四個完整圖案面的大小剛好符合28"黑色結構紗的大小（圖 E）。

4. 製作其他兩面小圖案

我用8"（20cm）長的黃色結構紗，以一樣的方式做了問號圖案面，星星圖案面用的則是8"藍色結構紗。

5. 組合方塊

方塊每一面結合的方式，就是簡單地將每一面尾端的橫行編結在一起。先將兩個

小圖案面編結在瑪利歐圖案面的兩側，呈現十字形狀（圖 F 和 G）。

接著，由內向外地將方塊的每個角綁在一起，火球花圖案面則先不要綁。

6. 填充並完成

把方塊倒過來，內部用填充物塞滿，然後將火球花圖案面和方塊的其他圖案面縫合（圖 H），將編結塞進方塊裡，完成了！

7. 實驗

我試過將各種不同的填充物放進我的方塊積木裡，包括發泡膠、塑膠袋、碎布甚至是會發出聲響的乾義大利麵。

你可以自己調整方塊的大小，或是選擇細線或粗線製作。小方塊可以用單線編結，或是用我在這裡呈現的雙線製作。你甚至可以用4線來製作大方塊。我做了許多不同大小的方塊，也做過長方體──都很適合用來堆疊出瑪利歐的堡壘！ ◢

你可以至makezine.com/projects/macrame-a-mario-bros-play-block/觀看完整的步驟照片。

DIY 智慧型電燈開關

透過無線藍牙，用手機遙控各種家電

Smart Light Switch

時間：1~2小時 成本：80~100美元

文：阿拉斯戴爾·亞倫、唐·柯曼、山迪普·密斯特里 譯：潘榮美

Juliann Brown

阿拉斯戴爾·亞倫
Alasdair Allan

科學家、作家、駭客、手作家，也為《MAKE》撰文（makezine.com/author/aallan）。最近的興趣是埋頭鑽研物聯網。

唐·柯曼
Don Coleman

畢生致力於資訊工程，亦為資深的PhoneGap軟體開發工程師。

山迪普·密斯特
Sandeep Mistry

軟體工程師，開發過數個開源BLE函式庫。

本專題改寫自三位作者的新書《動手玩藍牙》（Make: Bluetooth），可於Maker Shed或專門書店購買（中文版預定由馥林文化於2017年4月出版。）

材料

» Arduino Uno 微控制板
» Adafruit nRF8001 Bluefruit LE 擴充板，Adafruit 商品編號 #1697，adafruit.com
» 免焊麵包板
» 跳線
» LED（1）
» 電阻，220Ω（1），10kΩ（1）
» 觸摸開關（瞬時型），用於製作原型
» PowerSwitch Tail 變壓器，用來控制一般定燈泡或其他家電。

工具

» 已安裝好 Arduino IDE 的電腦軟體可從 arduino.cc/downloads 免費下載
» 烙鐵
» 小的螺絲起子

智慧型電燈泡其實有個大問題，就是只有燈泡比較有智慧。 至於牆上的電燈開關，就不怎麼有智慧了。如果你想對智慧型燈泡搞破壞，很簡單，把它連接上手動開關，它就會呆住了。該被換掉的並不是燈泡，而是開關。

什麼是智慧型開關？

智慧型開關不僅可以手動控制，還能透過低功耗藍牙（Bluetooth Low Energy，BLE）進行無線遙控，用你的智慧型手機或是其他行動裝置都做得到。開關本身也可以偵測燈泡的當前狀態——也就是燈泡的開關與否——只要開關被觸動，就會透過藍牙向安裝的應用程式發送訊息，以更新狀態。

以下就是進行藍牙控制連接與組態的步驟，可以用來遙控家裡或工作室的檯燈等任何透過交流電送電的家電用品。而所謂智慧型的部分，就得仰賴Arduino微控制板了。

1. 閃爍 LED

閃爍LED可說是硬體版的「Hello, World」——就像測試新軟體一樣，測試Arduino是否設置無誤。準備好Arduino微控制板、一塊麵包板、一顆LED、一個220Ω電阻、幾條跳線，按照馬西莫·班茲（Massimo Banzi）的教學來設定（makezine.com/projects/make-an-led-blink-with-your-arduino）。在範例程式碼中，Arduino的13號腳位將HIGH（開）設定為1秒，LOW（關）設定為1秒，接著繼續循環。

2. 加入觸摸開關

現在把小顆的觸摸開關和10kΩ電阻連接起來，如圖 Ⓐ 所示。

> **筆記：** 我們現在做的步驟稱為「去彈跳」。如果你將按鈕的一邊接上 +5V 電源，一邊連接至 ARDUINO 的 4 號腳位，那麼 4 號腳位其實是浮動（FLOATING）的，因為它並未接上任何東西。這樣程式碼會是無效的，還可能憑空偵測到不存在的開關動作。為了避免這個情形，我們會使用電阻把針腳「下拉」到GND。如此一來腳位就不再浮動，而是設為LOW 的狀態。

請至github.com/MakeBluetooth下載這個專題的Arduino程式碼。開啟Arduino IDE，進入Library Manager，在搜尋框中輸入「BLEPeripheral」，選擇BLEPeripheral.h並點選安裝。

接著，在Ardiono IDE開啟下載好的ble-smart-switch.ino草稿碼，上傳到Arduino控制板。現在當你一按按鈕，LED就會發亮，再按一次就會關掉囉。

3. 加入藍牙模組

現在你已經安裝好可運作的按鈕電燈開關，接著來加入低功耗藍牙吧！這個專題用的藍牙板是以Nordic Semiconductor nRF8001晶片組為基礎的Adafruit Bluefruit LE。請參照圖 Ⓑ 將藍牙板連接到Arduino。2號腳位對應RDY，9號是RST，10號是REQ。

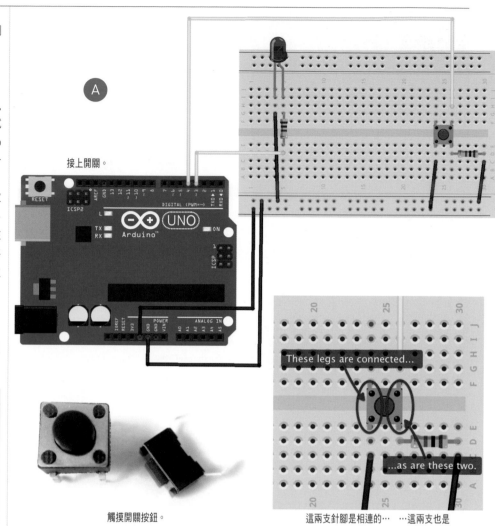

Ⓐ

接上開關。

觸摸開關按鈕。

These legs are connected...

...as are these two.

這兩支針腳是相連的… …這兩支也是

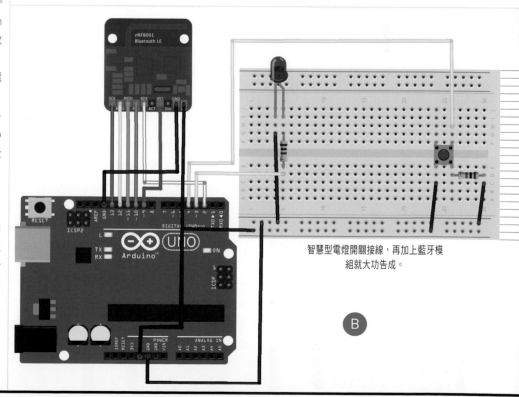

智慧型電燈開關接線，再加上藍牙模組就大功告成。

Ⓑ

Alasdair Allan

關於低功耗藍牙

低功耗藍牙無線協議（BLE，又被稱為藍牙智能）將全世界區分為周邊裝置（Peripheral devices）——如感測器和喇叭，以及中央裝置（Central devices）——如手機和筆記型電腦。周邊裝置能以兩種模式運作：直接連接中央裝置的模式，以及廣播模式（broadcasting）。一旦連線成功，中央裝置便可以接收周邊裝置所提供的一連串服務。

針對我們的智慧型電燈開關，我們要打造一個可以提供單一服務的BLE周邊裝置。其單一服務有著兩個特性：可讀取、可寫入、用來把開關打開和關上的「Switch」（開關）特性；以及可以訂閱這項特性，藉以獲知開關狀態改變的「Status」（狀態）特性。幸運地，每一個服務和特性都有各自的通用唯一識別碼（UUID），讓我們可以輕鬆地將現有BLE服務加進專題的程式碼中。

我們的服務會長得像這樣：

特性	UUID	屬性	備註
開關	FF11	讀取、寫入	1 on, 0 off
狀態	FF12	通知	1 on, 0 off

此外，我們也可以使用描述符（descriptor）來向終端使用者提供純文字服務說明。在這裡，我們用的是特性使用者描述（Characteristic User Description，UUID 0x2901）。

4. 編寫智慧開關程式

開啟Arduino草稿碼ble-light-with-powertail.ino，並瀏覽以下步驟，檢查你的Smart Light Switch程式碼有沒有按部就班建立以下服務：

» 用BLE周邊程式庫新增周邊裝置實例（**instance**）。
» 新增lightswitchservice，UUID為**0×FF10**。
» 新增開關（Switch）與狀態（State）特定與描述符。

```
BLEPeripheral blePeripheral = BLEPe-
ripheral (BLE_REQ, BLE_RDY, BLE_RST);
BLEService lightswitch = BLEService("FF10");
BLECharCharacteristic switchCharacter-
istic = BLECharCharacteristic("FF11",
BLERead | BLEWrite);
BLEDescriptor switchDescriptor = BLE-
Descrip tor("2901", "Switch");
BLECharCharacteristic stateCharacteristic =
BLECharCharacteristic("FF12", BLENotify);
BLEDescriptor stateDescriptor = BLE-
Descrip tor("2901", "State");
```

接著進行組態配置：

» 設定本地域名（Local Name）（用於通用藍牙存取）與裝置名稱（Device Name）（用於周邊裝置的廣播封包資料）。
» 輸入服務特性與描述符，作為你的特定周邊裝置屬性。
» 廣播低功耗藍牙服務，並掃描（poll）低功耗藍牙訊息。
» 設定開關在按鈕按住時為開，按鈕放開時為關。

```
pinMode(LED_PIN, OUTPUT);
pinMode(BUTTON_PIN, INPUT);
blePeripheral.setLocalName("Light Switch");
blePeripheral.setDeviceName("Smart
Light Switch");
blePeripheral.setAdvertisedServi
ceUuid(lightswitch.uuid());
blePeripheral.addAttribute(lightswitch);
blePeripheral.addAttribute(s
witchCharacteristic);
blePeripheral.
addAttribute(switchDescrip tor);
blePeripheral.addAttribute(
stateCharacteristic);
blePeripheral.addAttribute(stateDescriptor);
blePeripheral.begin();
```

將草稿碼存檔並上傳至控制板。有了按鈕，你想怎樣開關LED都沒問題囉。如果你開啟序列主控臺（Serial Console），會看到一行Smart Light Switch字樣，每次你開或關LED的時候，就會出現新的訊息。

另外，你可以用BLE「拋出」開關，因為我們已經委派了一個事件處理器，當周邊裝置輸入寫入指令時，就會被呼叫：

```
switchCharacteristic.
setEventHandler(BLEWritten,
switchCharacteristicWritten);
```

在草稿碼最後的loop()函數下面，我們已新增事件處理函數。現在你可以用BLE遙控LED囉！

5. 測試藍牙服務

現在你只差一個通用低功耗藍牙檢視程式來檢測並啟動服務。在手機或平板上，到任何應用程式商店都可以，下載LightBlue（適用於iOS）或nRF Master Control Panel（適用於Android）。這

在LightBlue程式裡一探你的智慧電燈開關。

兩個程式顯示的資訊都相同，只是版面有點差異。

開啟其中任一個程式，它就會掃描搜尋低功耗藍牙裝置，你可以從搜尋到的裝置列表中選擇一個周邊裝置，並且可以探索裝置的服務和特性等資訊。

現在我們來看看LightBlue（圖**C**）裡顯示的Smart Light Switch。滑開周邊裝置清單，點進Smart Light Switch，就可以看到該服務廣播的資料顯示兩個特性：開關（Switch），也就是程式碼的讀取與寫入（Read/Write），以及狀態（State），也就是通知（Notify）。如果你註冊了LightBlue，可以訂閱它的通知功能，只要點選狀態（State）特性區塊的「聽取通知」（Listen for notifications），它就會在LED狀態改變時通知你。

Switch特性區塊則會顯示目前的特性值，現在應該是**0x00**，即LED為關閉。點選「寫入新值」（Write new value）來開啟編輯器，輸入01後按「完成」（Done），這時LED就會開啟，螢幕亦會顯示新的值**0x01**。如果你有訂閱通知，就會看到上面跳出新通知，告訴你特性值改變了（圖**D**）。

如果序列主控臺開著，你也會看到主控臺print出燈亮的特性事件訊息

（**Characteristic event: light on**）。最後，如果你現在按一下實體的觸摸開關，就會另外再看到LightBlue的通知，顯示LED狀態變回 **0x00**。大功告成，你製作了一個智慧型電燈開關！

6. 連接實體燈泡

現在來把這個智慧型開關接上你的檯燈吧。PowerSwitch Tail（圖**E**）是個讓生活更簡單的東西，可以把亂糟糟的電線藏起來，還可以用繼電器和Arduino控制板把交流電電器開開關關。超棒。

將三條電線連接到PowerSwitch Tail

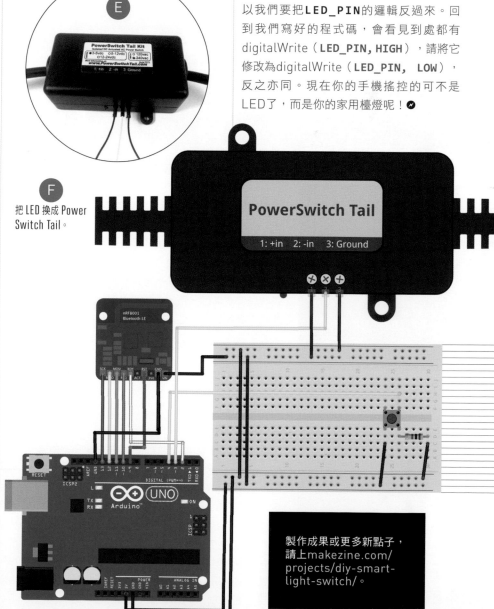

E

F
把 LED 換成 Power Switch Tail。

的螺絲端子上，左邊的位置（有+in標示）插上+5V，中間（標示-in）接上訊號線，右邊接地線。接著，按照圖**F**所示連接Arduino板、開關和PowerSwitch Tail。將PowerSwitch Tail插入牆上插座，再拔下一個交流電檯燈或家電的插頭（安全承受範圍：120V最大電流15A），插進Power Switch的插座。

Power Switch Tail可以「常開」或「常關」兩種模式接線。基於安全考量，我們會使用常開的組態設定：當Arduino訊號線路變更為LOW，電流才會通過，其他時間檯燈都會是關閉狀態。

這樣一來，訊號線路為LOW而非HIGH的時候，才會啟動繼電機制，所以我們要把**LED_PIN**的邏輯反過來。回到我們寫好的程式碼，會看見到處都有digitalWrite（**LED_PIN, HIGH**），請將它修改為digitalWrite（**LED_PIN, LOW**），反之亦同。現在在你的手機搖控的可不是LED了，而是你的家用檯燈呢！ ◆

PowerSwitch Tail
1: +in   2: -in   3: Ground

製作成果或更多新點子，請上makezine.com/projects/diy-smart-light-switch/。

Giant
Vortex Air
Cannon

文：湯姆・赫克
譯：潘榮美

巨大渦流空氣砲

「砰」地向遠方發射驚人的煙圈

時間：**10~12小時** 成本：**100~200美元**

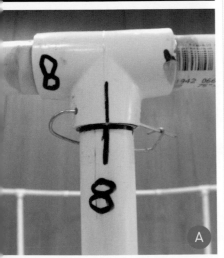

湯姆・赫克
Tom Heck

身兼父親、Maker，以及五弦琴演奏家。喜歡做大到塞不進車裡的專題。他對Maker教育運動充滿熱情，亦為Makey Makey教育推廣部的副部長。

原本我製作這個超巨大渦流空氣砲，是要帶去2015年亞特蘭大的Maker Faire，讓大家「砰」地大吃一驚。原本的構想是用一個32加侖的塑膠圓桶當材料，後來發現做不出那個「砰！」的效果——因為根本不夠大。我想做的是巨人級的渦流空氣砲，不過……還得裝得進車子裡，才能方便運送。還要能輕易組裝、拆卸，又不能太貴。最後，我用了PVC管當骨架，鋪上常見的藍色塑膠防水布當外皮。最後的成果如您所見，是個嚇死人的可拆式空氣砲，它發射的漂亮煙圈可以飛很遠喔。砰！

空氣砲結構

空氣砲的骨架由¾"粗的PVC管組成，共有兩個八角形邊框，一大一小，每一組都有8根可拆卸的PVC管 「肋骨」。大砲前端是小的八角形，需要8根15"的附45°彎頭PVC管，然後將它們一一用黏著劑接上。黏著劑乾燥後，將每一邊再切成剛好一半，用T型接頭連接，直角朝上——但是先不要黏死。大的八角形也如法炮製，不過每邊要用粗¾"、長2'的PVC管。

現在將兩個八角形組合在一起吧。把大的放

在地上，T型接頭的尾巴朝上，各別插入5'長的PVC管（就叫它們肋骨吧）。現在每根肋骨都自立自強地站好了。接著把小的八角形從上方卡進去，每個T型接頭插上一根肋骨。你可以轉一轉每個T型接頭，讓肋骨的角度更好卡住。調整好之後，就把T型接頭和它的八角形邊黏在一起。注意，別跟肋骨黏在一起了！

接著，將每個T型接頭和肋骨接合處做記號、鑽洞，就可以用金屬絲當做安全別針別起來，讓零件固定，使肋骨和八角形接得更牢固。當然也可以趁此機會直接在肋骨和接合處編號（圖 A），等會組裝的時候會更快。

為了便於拆卸和搬運，大的八角形可以再從中間切成一半，組裝時再以直接頭裝回去。圖 B 中的紅色膠帶處就是切割處。至於小的八角形，中間還需要一個孔來製造煙圈。先描好並裁下一塊合板，在PVC管和合板接合的地方先鑽好孔，預防螺絲釘拴上時破裂。在拴上合板和水管之前，還要先在合板中間描出一個直徑20½"的圓形，並用鋸子裁下。再將四個羊眼螺絲均勻插進合板的內面，供彈力繩下錨使用。

A

Tom Heck

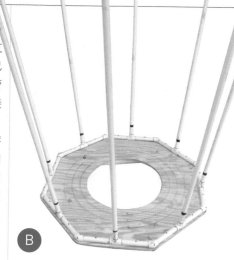

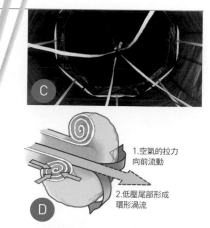

支撐腳架

大砲的兩端則是由兩個可拆式特粗PVC管支撐，直徑1½"，長度5'。這兩隻腳能裝進兩根已經用螺絲固定在合板外面的套管裡。這兩根套管其實是直徑2"、2'長的PVC管，分別在尾端黏接了直接頭。

在套管頂端連接套管和合板的螺絲是直接貫穿套管和合板，這樣插入腳架的時候就能防止它們衝過頭。套管末端的螺絲則只穿過合板，固定到PVC管內部即止，方便插入腳架。不過這整個腳架的結構並非專題的核心部分，你可以按照自己的想法設計。

外皮

現在要來製作外皮囉！將大砲的大八角形朝下，放在地上。然後在整個大砲外層鋪上防水布，讓它變得像個大汽缸，接著用大頭針將布給固定住（你會需要很多針）。

將8根肋骨之間多餘的部分用別針摺起來。不需要非常精美，只要讓外皮能剛好貼合整個骨架，也不需要非常緊。所有部分都摺好之後，用粗尼龍繩和大號縫衣針縫合起來，再拆掉固定用的別針。

在前端較小的開口處，請將防水布邊緣向內摺，延著邊緣逢一圈，讓尼龍束口帶可以穿過。這樣前端就可以拉緊，以防空氣從邊緣漏出。至於大的那一端開口，則在邊緣縫上幾段厚的尼龍帶，每一段中間距離要相同；接著，用烙鐵在每段尼龍帶上燒出一個洞，穿過尼龍繩後就可以束起來了。

覆膜

覆蓋在大砲後方的膜是以防水加工的尼龍纖維製作。我們需要做一個超巨大的圓形。先剪下兩塊長方形，組合成新的正方形，將它們牢牢地來回縫合兩次。把這個正方形裁成圓形，邊緣用打火機燒一下，收起毛邊。

這張膜需要包緊大砲的尾端，像頂浴帽一樣。同樣，將邊緣縫上一圈，與尼龍降落傘繩等長。接著，把12"長的厚尼龍帶縫在覆膜的中央，做為拉炮用的把手。在另一面也縫上厚尼龍帶，當做彈力繩的交會點。

最後，將四條彈力繩連接到前端的]合板上，羊眼螺絲和覆膜上的彈力繩交會點之間（圖C），確認覆膜放在後方，把所有該束緊的東西束緊，超巨大渦流空氣砲就要發射啦！

渦流出動！

準備發射巨大空氣渦流了嗎（圖D）？拉緊覆膜上的把手，然後放開！砰！如果發射的時候能找個朋友幫你扶一下砲體會更好。再找個萬聖節用的煙霧產生器，將大砲裡頭填滿煙霧，那麼就能一睹超巨大煙圈華麗飛行了。◎

1.空氣的拉力向前流動

2.低壓尾部形成環形渦流

材料

» PVC管，¾"粗，全長66'，附45°彎頭（16），T型接頭（16），直接頭（2），做為骨架
» PVC管，1½"粗，全長10'，做為腳架
» PVC管，2"粗，全長2'，附直接頭（2）做為腳架套管
» PVC用黏著劑
» 聚乙烯塑膠防水布，8'×18'
» 防水纖維布，5'×18'
» 厚尼龍帶，寬1"
» 金屬安全別針，2½"
» 合板，⅝"×4'×4'
» 彈力繩（4）
» 牆用螺絲釘
» 羊眼螺絲，附墊圈與螺帽（4）
» 螺絲，⅜"，附墊圈與螺帽（4）
» 尼龍降落傘繩（50'）
» 煙霧產生器

工具

» PVC切管工具
» 無線電鑽
» 縫紉機與裁縫用品
» 量尺
» 線鋸機、弓鋸及手持圓鋸機
» 砂輪機
» 高速旋轉工具
» 烙鐵
» 活動扳手

請上makezine.com/projects/build-giant-collapsible-vortex-air-cannon/瀏覽空氣砲影片以及更詳細的製作教學。

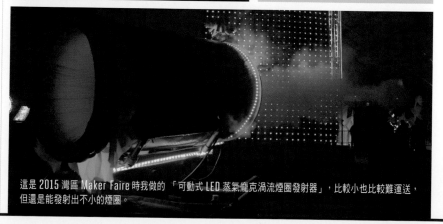

這是2015灣區Maker Faire時我做的「可動式LED蒸氣龐克渦流煙圈發射器」，比較小也比較難運送，但還是能發射出不小的煙圈。

Steve Altemeier

Damien Scogin, Hep Svadja

超簡易太陽輻射計
不用電池、不用開關，這個
指針計的能源就來自它正
在測量的陽光。

文、圖：佛里斯特·M·密馬斯三世
譯：潘榮美

Back to Basics with an
Ultra-Simple
Solar Radiometer

時間：
1～2小時
成本：
20～30美元

材料

» 類比指針儀表板板，0mA
～1mA，All Electronics
品號 #PMD-1MA，於
allelectronics.com 購買
» 550Ω 電阻
» 光電二極體，矽材，
BPW34S 型，可於
jameco.com、digikey.
com 等網站購買
» 音源線與接頭，RCA 或
phono 接頭（非必要）
» 小的板夾或其他安裝用平面
» 氣泡水平儀
» 焊片（2），用於儀表板組
裝
» 連接線

工具

» 電鑽
» 烙鐵與焊錫

**佛里斯特·M·
密馬斯三世
Forrest M.
Mims III**

（forrestmims.
org）是一位業餘
科學家，得過勞
力士雄才偉略大獎
（Rolex Award），
Discovery 探索頻
道雜誌評為「50
位最聰明的科學
家」之一。亦為銷
售七百萬本以上暢
銷書作家。

**大家都知道，太陽在我們的生活中至
關重要。**陽光的紅色和藍色波長會觸發
光合作用，植物才能生長。地球的自轉
軸偏斜，因此有一年四季的分別：往太
陽傾斜的半球進入夏季，遠離太陽的半
球則為冬季。

從1989年9月起，我一直使用數個自
製的儀器記錄每天中午的陽光強度。雖
然我自認這些儀器很好用，但是它們仍
然需要電池或電源開關，一陣子就要更
換。現在我們要一起製作的超簡易輻射
計，如圖　　，完全不需要電源開關或電
池，因為它的能源就來自它所測量的
陽光！這個輻射計可以測知一天當中陽

光照射的循環情形，以及照射光受到季
節、雲層及空氣汙染的影響。

運作原理

多年以來，攝影師使用的光度
計，都是依靠硒光電池（selenium
photocell）連接指針型儀表板。硒
對於光譜的感測結果，大致與人眼對
光譜的色感相同。我們這次要做的輻
射計，則使用矽光電二極體（silicon
photodiode）為陽光感測器，其實，
它本身就是個迷你太陽能電池。它對於
近紅外線一帶的光譜最為敏銳，不過整
體來說也比硒光電池敏銳多了。圖 **B**

中，光電二極體的陰極直接連接至一個0～1mA類比指針儀表板板的負極端。二極體的陰極則以550Ω左右的電阻連接至儀表板板的正極端，會在受強烈陽光曝曬時，將二極體峰值電流限制在1mA以內。

雖然類比指針儀表板板聽起來有點過時，但是我們的輻射計能夠如此簡單，全是拜它所賜。指針儀表板沒有清楚的數位值，體積又大。而類比指針儀表板板使用壽命長，在許多方面也比數位儀表板優秀。在這個專題當中，我們的儀表板不需要電池，因為光感器本身就是個電池。而且面板儀表板上的指針會隨時依據感測值搖動，一有變化我們就看得到，不像數位儀表板要等換到下個數值時才會顯示。

那麼它的耐用度如何呢？幾十年前我就做了一個類似的指針式輻射計。當時我是要拿來測量LED發出的近紅外線光能。當時那個輻射計到現在仍然完好如初，和1970年時一樣。現在我們要製作的輻射計，想必也可以如此長壽。

製作你的輻射計

圖A中的輻射計是在小的板夾上面組裝的，這樣一來就有空間容納記錄表和氣泡水平儀。當然，用一般尺寸的板夾，或是薄的夾板、堅固的塑膠板都可以。我們先按照圖A的設計來製作：在板夾（或板子）上鑽一個¼"大小的洞，讓音源線穿過，旁邊則會放置儀表板。儀表板的上緣中間對準剛剛的洞，並且至少要離洞1"。在儀表板兩邊螺絲端子的位置做記號，並且測量端子的直徑（我的是1/8"），然後根據它們的大小各鑽一個洞。

將儀表板螺絲端子的螺帽取下，把兩端塞進剛剛鑽好的洞。翻到板子背面，在端子上各放置一個焊片，照圖B所示，將儀表板和焊片用螺帽固定。

用一小段電線連接儀表板負極的焊片及音源孔的焊片，把它們焊接上。再把一個550Ω電阻焊接於正極的焊片及音源孔中央端子之間。（如果你用的二極體不是本專題建議的那一種，會需要額外測試一下多大的電阻比較適合。）

最後，來安裝光電二極體吧。你可以直接把它安裝到板子上，不過我選擇把它安裝在音源線接頭，變成一個可替換的陽光

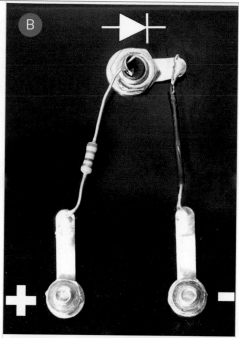

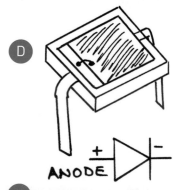

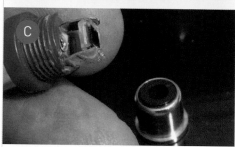
ANODE

探測器（如圖C）。這樣的話，要先移除音源線接頭上面的塑膠蓋。接下來，把光電二極體的「腳」往外掰開，仔細看，「頭」裡面的矽圓盤，是不是有一小段電線連接到正極（＋）的針腳（如圖D）？把二極體的針腳穿過音源線接頭的兩端吧。

將針腳仔細焊接到各自的端子上。冷卻後，再把針腳出來的部分剪掉。

實際運用

完成後，我們可以用手電筒來試用。當手電筒的光線照射到陽光探測器，儀表板的指針應該會稍微移動。在晴朗的白天將輻射計帶到戶外，指針就會大幅移動。如果發現指針超出1mA，就需要把電阻的電阻再調大。如果你想要更精確的結果，可以再安裝一個氣泡水平儀，確認儀器在測量時保持水平。當然，還要確認把輻射計擺到不會被你的影子遮住的地方！

圖E則是在三個不同的夏日雲層狀況下拍攝的魚眼相片。有沒有發現：當太陽被雲層緊密環繞時，輻射計感測到最強的光能？另外，你有沒有發現其實當太陽被大片的雲遮住時，感測到的光能還是非常強呢？

一年四季中，在日照正午用這個輻射計測到的陽光資料，都非常準確。我在德州的小小氣象站，用各式各樣的自製輻射計觀測了超過26年，資料數據顯示的四季循環情形非常明顯。雲層、塵埃及煙霧會大幅減低陽光接收度。在德州，我觀察到最厚的霧霾，是從非洲撒哈拉沙漠飄來的，以及夏秋季時俄亥俄河谷的發電廠所帶來的。遠處的森林火災，及墨西哥的火耕帶來的煙霧也不遑多讓。

更進一步

» 可以製作輻射計的影片或進行縮時攝影，進一步觀測每日數據變化和雲層影響的情形。

» 在光電二極體旁邊放一個紅色濾鏡，可以觀測陽光中刺激光合作用的紅外線。

12:26 PM—0.80mA　12:34 PM—0.84mA　12:50 PM—0.60mA

可上makezine.com/projects/solar-radiometer/看看德州地區陽光觀測的數據圖。

1+2+3 穿戴式電光火焰

文：海爾格・漢森　譯：花神

**海爾格・漢森
Helga Hansen**

德文版《MAKE》雜誌編輯，喜歡科幻小說和蝴蝶結，也喜歡用烙鐵玩拼豆。

電致發光（Eelctroluminescent lighting，簡稱EL）的效果很棒，做起來又不會太費事。你可以用發光的EL線材來為你的衣服增添效果，或是使用平坦、具有彈性的EL板來剪出自己喜歡的圖樣。跟著以下的步驟，來打造出吸睛的穿戴式火焰吧！

1. 圖案設計

你可以直接在板子背面畫上設計圖，不過，我們建議先在草稿紙上練習一下，將最滿意的草稿形狀剪下來，再放到板子上做為模板，注意，設計圖一定要一體成型，並且包含電源連接處。

訣竅： 在開始之前，請先測試 EL 板是否可以點亮。如果不行的話，可以試著將熱縮套管剪開，再回焊板子與電線之間的接點。

2. 剪下圖案

用剪刀將EL板子上的圖案剪下來。剪的時候板子邊緣可能會翹起來，不過這並不會影響板子的功能，你可以事後用刮鬍刀或美工刀修剪一下，注意別把電源連接處弄壞就好。

3. 封住邊緣並安裝別針座

要把EL板的邊緣封住，電路才不會短路。要做到這一點，只要上層透明指甲油就行了。不過，上指甲油之前要先將麥克筆的痕跡擦乾淨，否則會弄得很髒。或者，你也可以使用封箱膠帶或護背膠膜。

完成之後，將電池放到變頻電池盒中，接上板子。用熱熔膠裝上別針座，放置冷卻。現在你可以戴上你的火熱新飾品了！

時間：
30分鐘
成本：
20～30美元

材料與工具

» EL板，10cm×10cm，SparkFun.com
» EL 變頻電池盒
» 電池
» 別針座
» 剪刀
» 美工刀
» 麥克筆
» 透明指甲油或膠帶
» 熱熔膠槍與熱熔膠

Hep Svadja

TOOLBOX

好用的工具、配備、書籍以及新科技。
告訴我們你的喜好 *editor@makezine.com.tw*

譯：呂紹柔

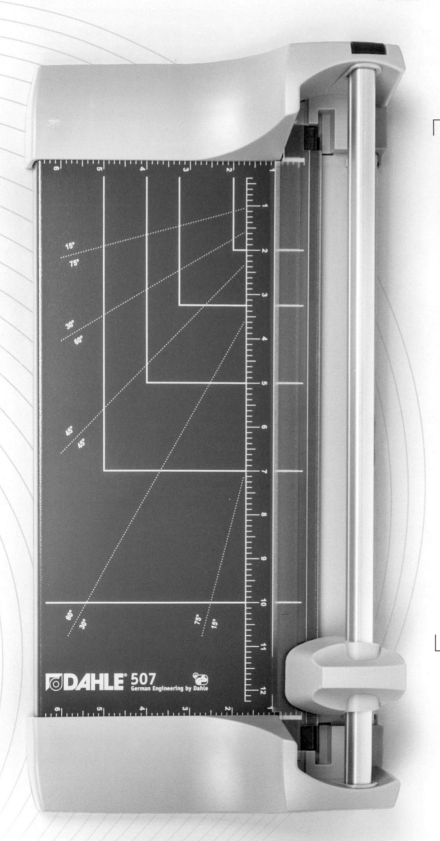

Dahle 507個人裁紙機

79美元
dahle.com

若你想找個人使用的高品質裁紙機，Dahle 507是一個很棒的選擇。鋁製底座比一般的塑膠底座更加穩固，較重的重量也有助於穩定機身，讓裁切更加俐落。長期來看，能自動磨利的刀片能替你省下不少更換刀片的錢，其完全包覆的設計，也能讓你在使用時更加安全。

Dahle裁紙機可以輕鬆地處理各種紙疊，從一般印刷用紙、紙板到照片紙都可以裁切。其裁切的動作，不管是短裁或長裁都能應付自如。即使如此，其裁切品質也絲毫不馬虎，即使是裁切一疊不同類型的紙，切邊也能乾淨俐落。簡單明瞭的操作指示能讓你切出筆直又精準的切線。其自動壓條能將紙張牢牢固定住，並清楚顯示出切線的位置。這臺製作良好的裁紙機，可以讓你用上好幾年都沒問題。

——赫普‧斯瓦迪雅

Black & Decker
無線熱熔膠槍
一組79美元，單買39美元

blackanddecker.com

熱熔膠對幾乎所有Maker
來說都是必備的工具。它簡
易又能快速上手，對製作紙
板模型、暫時性固定或永
久固定來說，都是個很
棒的隨身攜帶工具。熱
熔膠讓你能固定幾乎
任何材料，若你不
希望永久固定，
也能做暫時固定
的用途。

熱熔膠槍科技從
一開始到現在幾乎

沒什麼改變：包括一支簡易的塑膠槍和一條可以放入槍內的長膠。Black
& Decker BDCGG20是一支有著20V鋰離子電池的無線熱熔膠槍。無線
的特色能方便你使用與攜帶。用起來感覺很像一支電鑽而不是熱熔膠槍。

電池約需90秒的時間將膠加熱，之後可持續使用約3小時。熱熔膠槍連
同電池和充電器是79美元，單買熱熔膠槍是39美元。

——丹·馬克西

DEWALT DWE6423K 6"
隨機軌道式砂磨機
80 美元：dewalt.com

DeWalt DWE6423K軌道式砂磨機主打
減少打磨時紛飛的粉塵，同時運用反重量來
降低工具使用時的振動程度，提供更舒適、
不易疲倦的使用經驗。外觀上，這款砂磨機
看起來與前面幾代不太一樣：它的外模把手
較小，更容易控制，此外磨砂的表面也新增
了膠邊。

這工具相當輕，即使附有一個3-amp馬
達讓你可以選擇不同的速度，重量仍只有
2.9lbs（約1.3kg）。我將這款砂磨機和
我之前的DeWalt D26451軌道式砂磨機比
較，馬上就可以感覺出新款使用起來更平
順，也不會有刺耳的聲響。

顯然地，新款砂磨機新增了蒐集粉塵的
功能，不僅備有袋子，還能把袋子接上吸塵
器，將粉塵紛飛的可能性降到最低。整體來
說，我對於他們能兌現諾言感到相當滿意，
這是一款小巧又具巧思的強大砂磨機。

——艾蜜莉·寇克

Tekton 26759 Slotted與Phillips螺絲起子16件組
50美元：tektontools.com

這些不是你平常所見的螺絲起子——這組螺絲起子更棒。Tekton的美製螺絲起子
與前幾代的經典款一樣耐用，在扭轉時卻更加舒適。

一開始，我對於不常見的三面把手設計感到懷疑，覺得握起來可能會不舒
服，但是這個懷疑隨著使用時間逐漸消去。用過幾次後，我的手或手
腕都不會感到疲勞。事實上，這樣的聰明設計更容易控制螺絲起子，
讓手指能輕鬆旋轉。

除了更好用的握把外，這組螺絲起子使用的是高強度的鉻鉬釩鋼，
表面則是染黑處理，加強其耐腐蝕性。

整體來說，這組螺絲起子價格不貴，符合人體工學又耐用。

——EC

Hobby Creek
第三隻手

45美元： hobbycreek.com

這款輔助夾座有著相當精巧的結構，包括四支協助固定物品的手臂，幫助你順利完成工作。具有重量的鋁製研磨底座讓它具有更高的穩定性，在你工作時還可以把小元件放在裡面，非常貼心！手臂的結構良好穩固，同時又能靈活操作，讓你可以移到最完美的位置。

唯一要小心的，就是鱷魚夾的熱縮塑膠套。當你用鱷魚夾夾住未經絕緣的電線進行焊接時，塑膠套就會開始熔化。我會建議在加熱時將塑膠套拿掉。

我們曾和 Hobby Creek 討論過這件事，他們說會把所有產品的熱縮塑膠套的材料換成醫用矽膠，矽膠套應該會更耐用、耐熱。

這款工具對大多數的應用都相當合適，特別是穩固精密的 PCB 焊接工作。

—EC

XYZROBOT
BOLIDE Y-01
高階人形機器人

750美元（完裝）： xyzrobot.com

由 XYZrobot 打造的 Bolide Y-01 進階人形機器人是 STEM 機器人市場最新上市的機器人。這款堅固的機器人站起來時有 16" 高，看起來迫不及待地開箱而出。我選用的是已經組裝好的版本（價錢比較貴一些），但也可以選購半組裝或 DIY 套組。

Bolide 內建預先設定好的指令，如伏地挺身、跳舞和揮手。它有多種控制方式，例如使用內附的遙控器，或是透過藍芽 4.0 使用手機和相對應的應用程式控制，也可以用 SD 卡搭配機器人身後的四個程式按鈕來控制。Bolide 有 18 個智慧型伺服馬達模組，可以感測溫度、速度和位置，另外還有 ATmega 1208 處理器和內建 IR 感測器來感測距離、RGB LED、喇叭、以及可以讓自己站起來的加速規。

XYZrobot 在他們的網站上提供 3D 列印下載，你可以列印某些部分來替換成自己的部件。你也可以使用 XYZrobot 編輯，用 Arduino 1.0.6 IDE 進一步客製化你的機器人。整體來說，Bolide 相當完善，適用於各項操作學習領域。這個版本很適合用於教室或圖書館，供許多使用者使用以分擔價格。

—EC

Speedy Stitcher
縫紉錐

12～30美元：speedystitcher.com

　　對於工作量大的縫紉工作來說，這款工具再適合不過了，特別是如果你沒有工業用縫紉機的時候。人類從1909年就會使用這種縫紉錐了，可見其好用的程度。Stitcher的縫紉錐配有一根直針、一根彎針，以及一捲抗拉強度有52磅的上蠟塑膠線。使用說明簡單易懂，拿出來即可使用。

　　Stitcher的縫紉錐可以縫出堅固的鎖縫，任何材料幾乎都可以穿透。你也可以購買其他大小的針線或其他小工具。很開心它能進入我的工具箱中，真是遺憾沒能早點發現它。

—EC

施德樓金屬系列專家級自動鉛筆

11～13美元：staedtler.us

　　通常鉛筆的功能會遠勝過其外型，但施德樓（Staedtler）卻是兩者兼顧。其精美雕刻的握筆處和滑順的筆管看起來適合在辦公室使用，但它同時也足夠堅固，可以在工作室使用。這隻筆握起來的感覺很紮實，止滑握筆處讓你可以牢牢固定其位置，堅固的可拆式夾子也可以讓你將筆掛起。

　　筆頭有各種尺寸，從0.3mm特細到2.0mm粗都有，適用於各種繪圖與繪畫風格。當我在畫概念圖時，喜歡用2.0；畫細節處時，我會用0.5的尺寸。除了筆蓋末端可以放正常大小橡皮擦的2.0mm外，其餘每一種尺寸的自動鉛筆都有一個小橡皮擦在筆蓋下。大部分的文具店或線上商店都買得到筆芯，包含不同的石墨等級，讓這款本身就已經很棒的自動鉛筆更加多元化。

—HS

Adafruit Neopixel Jewel RGB LED

自然白 7 美元：adafruit.com

　　Adafruit 的新款Neopixel Jewel RGB LED提供多種新功能，遠超越它的基礎款RGB Neopixel，且不僅僅可用於你希望有純白燈光時。

　　首先，白色LED是獨立的，可以單獨控制。這表示你可以在不開啟其他紅、綠和藍燈時打開白燈，在程式設計上更為簡單，用電量也較低。此外，除了有獨立的白色LED外，你還可以選擇冷色溫、暖色溫或自然色溫的白光。冷色溫會較白（有時候較藍），暖色溫較黃，而自然色溫則居中偏黃。你在購買時就需要先決定好，我個人偏好自然白光。

　　新RGBW Neopixels有另外一個較不起眼的優點：內建擴散。每一顆5050尺寸的LED就有一個半透明鏡片，讓燈光散佈更均勻、顏色更加和諧。雖然差異微小，但仍可以感覺得到。然而你還是需要大型擴散器，才能達到一定的燈光效果。

　　RGBW Neopixel產品價格較高一些，每顆7-LED RGBW Jewel 售價為6.95美元。不過就算你不使用白色LED功能，內建擴散鏡片仍是你可以選擇RGBW Neopixel而不選RGB的好理由。

—史都華・德治

BOOKS

愛織毛線的男孩
克雷格・波莫朗
17美元

craigpomranz.com

　　做為一名大人，我們欣喜於自己的與眾不同，但小孩子要接受他們和同儕不一樣卻難得多。克萊格・龐姆然茲（Craig Pomranz）在他的新童書《愛織毛線的男孩》（中文版由狗狗出版）中，敘述一名一開始擔心自己不像「正常小男生」的小男孩，後來透過愛上編織，學會如何坦然地面對自己。如果你有認識的年輕Maker，因為自己富有創意而感到困擾，他們可能可以在拉菲的故事中找到慰藉。除了要慶祝自己擁有獨一無二的興趣和身分外，這則故事對性別刻板印象也是很好的教材，此外，它還教你如何做一件很酷的披肩。

—蘇菲亞・史密斯

ULTIMAKER 2+

以全新升級的噴頭列印
乾淨俐落的出色成品　文：麥特‧史特爾茲　譯：屠建明

過去5年來，Ultimaker不斷開拓桌上型3D印表機列印品質的極限，同時吸引了一群死忠粉絲。

上一代的Ultimaker 2讓這個產品系列吸引更廣大的使用者，也帶來過度講究的噴頭系統所產生的問題。Ultimaker 2+的「＋」意義只在於一件事：推出全新的噴頭系統，光這一點就讓我們對整臺機器改觀。

沒問題就別試著解決

乍看下，2+和上一代的差別只有機器正面的那個加號。兩款機器有相同的尺寸、成型空間和控制面板。但一看它的噴頭，就會發現有所升級。廣受歡迎的Olsson套件（現由Ultimaker開始販售的第三方Ultimaker 2升級套件）已經預先安裝，讓隨附的.25、.4、.6和.8mm噴頭可以快速更換。.4mm是預裝的尺寸。新的風扇導風板讓冷卻更平均，協助固化成品上的細節。

在機器的背面還有引人注目的新設計。新的進料器提升了抓力和扭力，能更順利地將線材推進鮑登管。要移除或手動推線材也不再是問題，因為有抓放按鈕讓使用者不用馬達就能手動推入或拉出線材。新的進料器也解決了Ultimaker 2噴頭馬達發出不正常噠噠聲的失步問題。

解析度的革命

2+的列印成品延續Ultimaker的傳統：乾淨俐落、非常出色。《MAKE》實測3D印表機的核心原則之一是採用中段的預設設定。多數的印表機預設層高為.2mm，但Ultimaker的設定值是.1mm，直接產生比競爭品牌更精緻的結果。Ultimaker還有更細緻的設定值，可達0.06mm的解析度。但當然，所有事情都有代價，解析度更高代表列印時間更長。我們的機器人模型（調整到8小時列印時間）只有在其他機器上列印的一半尺寸。懸空和橋接等測試項目的成績不錯，但仍然是Ultimaker 2+可以改進的兩項。這顯示了雖然風扇管道讓氣流更平均，增加冷卻效能的話還是能更加提升2+的表現。◆

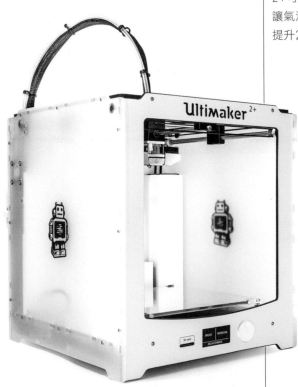

更多評測與產品測試資訊，請上 makezine.com/go/3dp-comparison。

機器評比　⓪①②③④⑤

測試項目	
垂直表面精緻度	
水平表面精緻度	
尺寸精確度	
懸空測試	
橋接測試	
負空間公差	
回抽測試	
支撐材料	
Z軸共振測試	

總分 34

ultimaker.com

製造商　Ultimaker
測試時價格　2,500美元
最大成型尺寸　223mm×223mm×205mm
列印平臺類型　加熱玻璃
線材尺寸　3mm
開放線材　有
溫度控制　工具頭（180–260°C）、成型平臺（50–100°C）
離線列印　有（SD卡）
機上控制　有（LCD與控制按鈕）
控制介面／切層軟體　Cura
作業系統　Linux、Mac、Windows
韌體　Open Marlin
開放軟體　軟體、韌體皆有
開放硬體　有，Creative Commons Attribution-NonCommercial 3.0授權
最大分貝　76.8

專業建議

雖然不是完美的方法，但可以透過設定印表機上的線材設定檔來切換**1.75mm和3mm線材**。我複製**3mm**設定檔，再建立為**PLA175**的設定檔，讓來回切換更輕鬆。

購買理由

Ultimaker 2+在維持開放原始碼環境下提供優越的列印品質，絕對羨煞所有3D列印的同好。

試印結果

麥特‧史特爾茲
Matt Stultz
是《MAKE》雜誌3D列印與數位製造的負責人，同時也是3DPPVD及位於羅德島州的Ocean State Maker Mill（海洋之州自造者磨坊）的創辦人暨負責人，他來自美國羅德島也時常在那兒敲敲打打。

Matt Stultz

電路板設計快速上手：從EAGLE™開始學設計原理到電路板實作

西蒙・孟克

420元　馥林文化

從頭開始學習如何使用「EAGLE」製作出專業級的雙面電路板！EAGLE是一套功能強大又極具彈性的軟體。在本書的逐步教學中，電子電路達人西蒙・孟克會帶領您設計電路原理圖、轉成PCB佈局，並匯出成標準的Gerber檔，讓電路板製造商幫您把電路板完成品做出來。本書有豐富的圖示、實體照片與軟體擷圖，以及可下載的範例專題讓您可以馬上開始進行。現在就開始使用EAGLE™來設計您專屬的印刷電路板吧！

圖解電子實驗續篇

查爾斯・普拉特

580元　馥林文化

電子學並不僅限於電阻、電容、電晶體和二極體。透過比較器、運算放大器和感測器，你還有多不勝數的專題可以製作，也別小看邏輯晶片的運算能力了！做為暢銷書《圖解電子實驗專題製作》（Make: Electronics）的進階篇，本書將為你帶來36個新實驗，幫助你提升專題的計算能力。讓《圖解電子實驗進階篇》帶領你走進運算放大器、比較器、計數器、編碼器、解碼器、多工器、移位暫存器、計時器、光帶、達靈頓陣列、光電晶體和多種感測器等元件的世界吧！

無人機起飛：從軍事任務到民用空拍，無人機的未來與創新應用

保羅・蓋耳蒙培茲

290元　晨星出版

從無人機的發展歷史來看，無人機是一項不斷演變的創意產物，因應不同目的，在眾人的創意下歷經了各種進化。近年來民用無人機興起，在DJI與Parrot等大廠的研發下，除了空拍影像，也發展出各種創新應用，像是亞馬遜空中送貨服務、深入人力無法到達的森林火災中心，執行危險的偵測任務，以及24小時監控作物生長情形，幫忙噴灑農藥，節省人力。本書將從各個角度多方探討無人機的歷史秘辛，一起來看看誰將會是無人機界裡的霸主。

動手打造專屬四旋翼

唐納・諾里斯

480元　馥林文化

跟隨本書的腳步，製作一臺能夠起飛、著地、盤旋並翱翔天際的自製遙控飛行器，並使用Parallax® Elev-8套件提升您的設計；透過一步一步的組裝流程與實驗，讓您立刻了解四旋翼可以執行的事情、知道如何連接Elev-8的零件、編寫微控制器的程式、使用GPS在四旋翼上且安全地操作。透過自行設定四旋翼返家功能、列隊飛行甚至人工智慧等有趣的教學，提升您的設計基礎並刺激您充滿創意的想法。

Crazy Train:

瘋狂列車

文：詹姆士・柏克　譯：敦敦

奧茲・奧斯本加入小精靈嘉年華俱樂部

（主歌）　小精靈們，這是秀的一部分
四個世代造就的人群
也許，燈光會很美
為了燃燒出百萬伏特
還需要更高功率

（副歌）　LED燈在閃爍
都是發電機的錯
我在瘋狂列車上帶領著遊行
我正在確認卡車沒有偏離隊伍

（主歌）　我們像勝者聚在一起
我們像愚人聚在一起
和其他乘著自己花車的俱樂部一同工作
以前創造了這角色的紅軍派小伙子
現在全由家族管理

（副歌）　每年我們都在策劃
主題都很瘋狂
我在瘋狂列車上帶領著遊行
我正在確認卡車沒有偏離隊伍

（橋段）　我知道我們已贏了超過200次
從布里奇沃特到米德賽默，耶耶

（主歌）　壞蛋的傳人
工作完成之前
我們不會自滿
瘋狂，是我們的戲服
現在已在計劃明年的新花車

（副歌）　這裡的鎮民們歡呼
並不難以解釋
我在瘋狂列車上帶領著遊行
我正在確認卡車沒有偏離隊伍

1948 年創立的小精靈嘉年華俱樂部（Gremlins Carnival Club）是獲獎的花車製作團隊。以誇張的燈光裝飾風靡了全英國的嘉年華會遊客。

Paul Burton

請務必勾選訂閱方案，繳費完成後，將以下讀者訂閱資料及繳費收據一起傳真至（02）2314-3621 或撕下寄回，始完成訂閱程序。

※請沿虛線剪下

請勾選	訂閱方案	訂閱金額
☐	《MAKE》國際中文版一年 + 限量 Maker hart《DU-ONE》一把，自 vol._____ 期開始訂閱。※ 本優惠訂閱方案僅限 7 組名額，額滿為止	NT＄3,999 元（原價 NT$$6,560 元）
☐	自 vol._____ 起訂閱《Make》國際中文版 _____ 年（一年 6 期）※ vol.13（含）後適用	NT＄1,140 元（原價 NT$1,560 元）
☐	vol.1 至 vol.12 任選 4 本，_____	NT＄1,140 元（原價 NT$1,520 元）
☐	《Make》國際中文版單本第 _____ 期 ※ vol.1～Vol.12	NT＄300 元（原價 NT$380 元）
☐	《Make》國際中文版單本第 _____ 期 ※ vol.13（含）後適用	NT＄200 元（原價 NT$260 元）
☐	《Make》國際中文版一年＋ Ozone 控制板，第 _____ 期開始訂閱	NT＄1,600 元（原價 NT$2,250 元）
☐	《Make》國際中文版一年＋《自造世代》紀錄片 DVD，第 _____ 期開始訂閱	NT＄1,680 元（原價 NT$2,100 元）

※ 若是訂購 vol.12 前（含）之期數，一年期為 4 本；若自 vol.13 開始訂購，則一年期為 6 本。
（優惠訂閱方案於 2017／5／31 前有效）

訂戶姓名 ☐ 個人訂閱 ☐ 公司訂閱		☐ 先生 ☐ 小姐	生日	西元_____年 _____月_____日
手機			電話	（O） （H）
收件地址	☐ ☐ ☐			
電子郵件				
發票抬頭			統一編號	
發票地址	☐ 同收件地址 ☐ 另列如右：			

請勾選付款方式：

☐ 信用卡資料（請務必詳實填寫）　信用卡別 ☐ VISA ☐ MASTER ☐ JCB ☐ 聯合信用卡

信用卡號			–			–			–			發卡銀行	
有效日期		月		年	持卡人簽名（須與信用卡上簽名一致）								
授權碼			（簽名處旁三碼數字）	消費金額				消費日期					

☐ 郵政劃撥（請將交易憑證連同本訂購單傳真或寄回）

| 劃撥帳號 | 1 9 4 2 3 5 4 3 |
| 收款戶名 | 泰 電 電 業 股 份 有 限 公 司 |

☐ ATM 轉帳（請將交易憑證連同本訂購單傳真或寄回）

| 銀行代號 | 0 0 5 |
| 帳號 | 0 0 5 - 0 0 1 - 1 1 9 - 2 3 2 |